LSI入門
動作原理から論理回路設計まで

寺井秀一・福井正博 共著

森北出版株式会社

● 本書のサポート情報を当社 Web サイトに掲載する場合があります．下記の URL にアクセスし，サポートの案内をご覧ください．

http://www.morikita.co.jp/support/

● 本書の内容に関するご質問は，森北出版 出版部「(書名を明記)」係宛に書面にて，もしくは下記の e-mail アドレスまでお願いします．なお，電話でのご質問には応じかねますので，あらかじめご了承ください．

editor@morikita.co.jp

● 本書により得られた情報の使用から生じるいかなる損害についても，当社および本書の著者は責任を負わないものとします．

■ 本書に記載している製品名，商標および登録商標は，各権利者に帰属します．

■ 本書を無断で複写複製（電子化を含む）することは，著作権法上での例外を除き，禁じられています．複写される場合は，そのつど事前に(社)出版者著作権管理機構（電話 03-3513-6969，FAX 03-3513-6979，e-mail：info@jcopy.or.jp）の許諾を得てください．また本書を代行業者等の第三者に依頼してスキャンやデジタル化することは，たとえ個人や家庭内での利用であっても一切認められておりません．

まえがき

　本書は，2006年に刊行した『LSIとはなんだろうか』の改訂・増補版に位置づけられる．書名を『LSI入門』としたのは，初版本の書名がLSIの啓蒙書的なイメージをもっていたのに対し，本書がある程度の専門性と実践的な内容を備えていることから，これに則した書名の方が適切であると考えたからである．

　初版本の執筆時，LSIの加工技術は90 nmのデザインルールが全盛期にあった．しかし，その後もほぼ2年単位で微細化が進み，2012年には22 nmのプロセステクノロジーを採用したマイクロプロセッサが発表され，現在は14 nmテクノロジーが目前に来ている．絶えまない微細化技術の進展は，マイクロプロセッサやメモリーの高性能化・大容量化の原動力となっている．とくに，フラッシュメモリーの大容量化は，従来のハードディスクを半導体メモリー型記憶装置(SSD：Solid State Drive)に置き換え，モバイル機器の小型・軽量・低電力・高機能化に大きく貢献している．また，これまで主に試作品開発のプロトタイピングに用いられてきたFPGAが，製品用のLSIとして装置に組み込まれるようになってきている．これは，FPGAにプロセッサコアが内蔵され，システムLSIとして十分な能力をもつようになったこと，および，ハードウェア記述言語を用いた設計環境が進化し，シリコンファウンドリーにたよらなくて手軽にチップを開発できる環境が行きわたったことによる．

　初版本は，LSIに関する基礎的かつ体系的な知識を与えることを目的として刊行したものであるが，上に述べたように，進歩を続けているLSIの姿を反映させるべく，ここに本書を出版することとした．本書は全7章から構成されている．第1章から第5章までは初版本の記述を踏襲しているが，一部分，最近の技術の進展に呼応して加筆修正をした．第1章では，LSIの発展の軌跡をたどり，現代社会とLSIとのかかわりについて述べている．第2章では，半導体を物理学の目で概観したあと，バイポーラトランジスタの動作原理について解説している．第3章ではMOSトランジスタの構造と動作原理，および回路特性について解説し，いくつかのCMOS論理要素とそのレイアウト構成について述べている．第4章では，LSIの製造工程で用いられるいろいろな技術の概要を述べている．第5章では，LSIの設計工程の各フェーズで用いられるデザインオートメーション技術について解説している．なお，この章のはじめにLSIの構成方式とFPGAを用いたLSIの新しい開発スタイルに関する内容を追加した．第6章は新規に起こした章である．ここでは，代表的なハードウェア記述言語であるVerilog HDLをとりあげ，いくつかの論理設計例と検証のための

テストベンチを提示し，Verilog HDL の記述のルール，留意すべき点などを平易に説明している．これによって，一般的な論理回路の多くを Verilog HDL で記述し，シミュレーションを実行するスキルが習得できることと思う．また，章の最後で FPGA とはどのようなものか，その原理と構造をわかりやすく解説している．第 7 章は初版本の最終章をベースに，ここ数年の間のトピックスを加筆した．新しいトランジスタデバイスの構造や超並列型システム LSI など，微細化が進む LSI の性能の壁を突破するためのいろいろな技術開発の取組みを紹介している．

　本書は，初めて LSI を学ぶ高等専門学校や大学の低学年を対象とした教科書を想定し，できるだけ平易な解説を心がけたが，より深い専門分野へ進んでゆく際のベースとなる確かな知識が身につくように，必要な部分については掘り下げた記述を行った．もちろん，LSI について知りたい一般の読者の方にも，興味をもっていただける内容になっていると思う．

　本書の執筆に当たっては，巻末にあげたいくつかの文献を参考にした．とりあげた項目や構成において，これらの文献から多くの示唆をいただいたことについて，それぞれの著者にお礼を申し上げる．また，個別にはあげないが，ほかにも多くの書物を参考にさせていただいた．最後に，本書をまとめるに当たり森北出版の塚田真弓さんにはひとかたならぬお世話になった．深く感謝の意を表する次第である．

2016 年 1 月

著者しるす

目 次

第1章　LSIと現代社会，生活とのかかわり

1.1　スマートデバイス時代の到来 2
1.2　集積回路の発明と発展 7
1.3　LSIの応用例：ICタグチップが社会を変える 11
1.4　消費電力の問題 12
第1章のまとめ 13
演習問題1 13

第2章　半導体の原理

2.1　半導体とは 15
2.2　ダイオード 22
2.3　バイポーラトランジスタ 25
2.4　ディジタル回路としてのトランジスタのはたらき 31
第2章のまとめ 38
演習問題2 39

第3章　LSIの回路

3.1　MOSトランジスタの構造と動作 41
3.2　CMOSトランジスタ 52
3.3　MOS論理回路 60
第3章のまとめ 71
演習問題3 72

第4章　LSIの製造

- 4.1　LSIのファブリケーション 76
- 4.2　前工程 78
- 4.3　後工程 83
- 第4章のまとめ 85
- 演習問題4 86

第5章　LSIの開発と設計

- 5.1　LSI開発のスタイルとLSIの実現方式 88
- 5.2　システム設計 92
- 5.3　論理設計 94
- 5.4　レイアウト設計 101
- 5.5　テスト設計 109
- 第5章のまとめ 116
- 演習問題5 117

第6章　LSIの論理記述言語

- 6.1　組み合わせ回路と順序回路 119
- 6.2　モジュールとその構造 120
- 6.3　シミュレーション 124
- 6.4　Verilog HDLの記述スタイル 127
- 6.5　組み合わせ回路の設計 130
- 6.6　順序回路の設計 139
- 6.7　FPGAを用いたLSIの開発 153
- 第6章のまとめ 158
- 演習問題6 159

第7章　LSIのこれから

- 7.1　未来のトランジスタデバイス 161
- 7.2　超並列型システムLSI 164
- 7.3　バイオ，医療，健康 165

7.4 セキュリティ 166
7.5 車載システム 167
7.6 ホームネットワーク 169
7.7 ウエアラブル 170
7.8 最後に 171
第7章のまとめ 172
演習問題7 172

演習問題解答 173
参考文献 182
索引 183

1 LSIと現代社会，生活とのかかわり

　1946年にアメリカのペンシルバニア大学で世界最初の**真空管式電子計算機ENIAC**（エニアック）が開発され，1947年にベル電話研究所のウィリアム・ショックレーらがトランジスタを発明したとき，電子機器の歴史がはじまった．その発展を牽引してきたのが，LSI(large scale integration, 大規模集積回路)の技術革新である．

　LSIのもっとも大きな功績は，超高性能な電子機器をごく身近なものにしたということであろう．当時，ENIACは，数十人のオペレータとエンジニアによって操作と保守がなされていた．しかし，現在，われわれのポケットのなかに収まっているスマートフォンは，ENIACの100万倍の機能と1億倍の性能をもっており，しかもほとんど故障することがない．このことを考えれば，このわずか70年間に行われた技術革新の偉大さが実感できるであろう．

　航空業界でたとえてみよう．15年前，日本からアメリカへ行くために，航空運賃20万円と12時間がかかったのが，いまでは，たった200円の運賃でしかも43(= 12×60×60/1000)秒でそれが可能になったと考えてみてほしい．つまり，15年間で1000分の1のコストと1000倍の性能を実現したとする．これは航空業界でのたとえ話なので荒唐無稽に思われるが，LSIの世界では15年間で1000倍の規模の回路が搭載可能になり，コストが1000分の1，性能が1000倍になったのはまぎれもない事実なのである．

　スマートフォン，デジタルカメラ，ブルーレイレコーダーなど，**情報家電**とよばれる高度な情報処理機能をもつ家電製品を，誰もが比較的安い値段で気軽に手に入れることができるようになり，しかも，半年ごとに機能・性能で大きく上回る次機種が発表される．さらに従来の火力や原子力に代わる地球環境に優しい新エネルギー社会を実現するスマートグリッド，事故のない自動車を実現する自動運転など，従来夢であったスマート社会の実現が加速的に現実味を増している．LSIの集積度が15年で1000倍も向上したからこそ，こういった驚くべき状況が生まれたのである．

本書では，このような技術革新を成し得た LSI を中心としたマイクロエレクトロニクスの世界を紹介する．

1.1 スマートデバイス時代の到来

1990 年代後半から現在にかけて，スマートフォンやデジタルカメラ，ブルーレイレコーダー，高解像テレビ，高性能ゲーム機など高性能なパーソナル機器が時代をリードしている．また，カーナビゲーションシステム，車載ネットワークや自動車の安全支援など，自動車の電子化の進展も目をみはるものがある．

それら電子機器の心臓部ともいえる情報処理装置が，**システム LSI** である．いまや，情報家電，スマートデバイスをはじめとする高性能システムの市場は，非常に大きな伸びを示している．1960 年代には，洗濯機，冷蔵庫，テレビが，三種の神器とよばれ家庭生活に大きな夢を与え，世の中の近代化を促進したのと同様に，いま，注目されているスマートフォンや家庭用掃除ロボットなどは，家庭あるいは個人の情報化や知的生活に大きな革新をもたらしている．また，超小型のセンサーと無線を備えたデバイスがインターネットとの通信により，無限の可能性をもつ知的デバイス IoT (Internet of Things) として期待されている．

いつの時代においても夢を現実化するものは，革新的ともいえる製造技術の進歩とその流れを先取りした製品開発である．かつては，大量生産と品質管理の革新が消費者の夢を叶えたが，現在では，システム LSI の製造技術と設計技術および，その能力を引き出すソフトウェアやネットワーク技術の革新によって夢のような製品が生み出されるのである．

システム LSI とは

それでは，情報家電時代の産業革命を導いたシステム LSI は，どのような姿をしているのだろうか．一例として，実際に携帯電話を分解してみよう（**図 1.1**）．その中にはコンパクトに実装された基板があり，その上に複数個の LSI が搭載されているのがわかる．システムの主要機能のほとんどを網羅するシステム LSI と，外部との通信を行うための専用回路，製品ごとの個別の機能を実現する周辺回路，抵抗やコンデンサなどの個別部品などで構成されている．

この中で中心的な役割を示すシステム LSI は，周辺あるいは裏面に複数の金属の足をもった四角くて黒いものである（**図 1.2**）[1]．この中に，高性能なシステムそのものがブラックボックス化され，搭載されている．それがシステム LSI とよばれる理

---

1) LSI の外観については，4.3 節を参照されたい．図 1.2 の例は BGA (ball grid array) という．

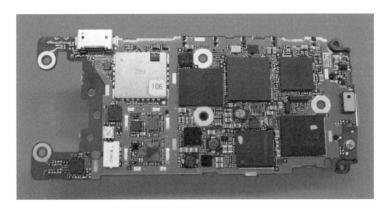

図1.1 携帯電話の実装基板の例（写真提供　松下電器産業（株））

（a）パッケージ表面　　　（b）パッケージ裏面（外部端子面）

図1.2　システムLSIの外観（写真提供　松下電器産業（株））

由である．

スマートフォンの例でいえば，
- アンテナから入ってきた高周波信号と低周波のアナログ信号の変換を行う回路．
- アナログ信号とディジタル信号の変換を行う回路．
- ディジタル化した信号を電波の強弱や干渉にあわせてノイズを低減する回路．
- 液晶をコントロールする回路．
- テレビの受信と映像の表示や音声の出力を行う回路．
- ディジタル音源の処理や位置情報の処理，カメラ撮影，編集，保存，データの多重化，圧縮，転送の機能を実現する回路．

などが，集積されて入っている（**図1.3**）．

　この回路規模は，約1億ゲートともいわれる．人類初の電子コンピュータENIACが真空管18000個，リレー1500個で構成されていたので，1ゲートを4個のトランジスタスイッチで換算すると5000ゲートに相当する．したがって，現在の携帯電話

1.1　スマートデバイス時代の到来

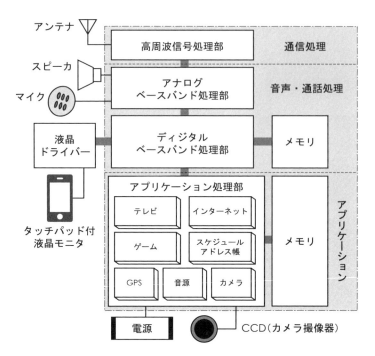

図 1.3 スマートフォンの LSI の回路構成図

の回路規模は ENIAC の 1 万倍以上に相当する．また，回路規模だけでなく，それぞれの回路のスイッチングの速さも 10 万倍程度になっている．

このような計算能力の飛躍的な向上によって，手の上でテレビを見たり，友達と動画の交換をしたりといったことが，ごく日常的にできるようになったわけである．

> ⚠ ゲートやリレーについて，ここではそれほど詳しく知る必要はないが，1 個の真空管や 1 個のリレーそれぞれが 1 個の電子スイッチの役割を担うので，1 個のトランジスタに相当する．ディジタル回路の規模を表現する場合には，通常トランジスタ数で表現せず，ディジタル回路を構成する基本回路である NAND ゲートが何個分であるかで，○○ゲート，あるいは，NAND ゲート換算で○○ゲートといういい方をする．1 個の NAND ゲートは，4 個のトランジスタによって構成されていることから，ゲート数＝トランジスタ数 /4 と考えてよい．

コンピュータの発展

つぎに，情報家電とともに忘れてならないのは，**ワークステーション**あるいはパソコン（PC）の驚異的な性能の改善である．ワークステーションやパソコンの計算性能を左右するもっとも重要な回路は**プロセッサ**といわれる集積回路である（**図 1.4**）．

プロセッサは，コンピュータそのものの機能と画像処理など周辺の機能も含めて高機能化，高性能化が進んでいる．1987 年のワークステーション SUN-4/260 の性能

図1.4 パソコンの内部

を1とすると，1992年のDEC AXP/500は，その100倍，1997年のDEC Alpha 21264/667は1000倍，2003年のIntel Pentium4/3000は実に5000倍の計算速度となった．プリンタやLANなどのパソコン周辺環境も，プロセッサおよび周辺のチップセットの性能向上，メモリやハードディスクの大容量化により向上した．

1980年代のパソコンは主にワープロや簡単なお絵かきといった機能に限定されていたが，現在のパソコンでは，動画の編集，ファイルの圧縮伸張，自動翻訳，コンピュータグラフィックを駆使したテレビゲームなどの非常に計算能力を要する仕事が簡単に行えるようになった．

> ⚠ パソコンとワークステーションの違いについて明確な定義はないが，一般的に家庭やオフィスでゲームやドキュメント作成，簡単な事務処理に使われるものをパソコンといい，比較的大規模なメモリや外部記憶（ハードディスク）を搭載し，プロセッサの計算能力が高く，大規模な事務処理や，技術計算にも対応できるようなものをワークステーションとよぶ．ただし，技術の進歩が激しいので，最新版のパソコンは，1世代前のワークステーションの性能を上回る場合が多い．

組み込みシステムの発展

さらに，目に見えないところにも大きな革新が起こっている．それは，**組み込みシステム**といわれる技術である．扇風機やエアコン，炊飯器などに，プロセッサやプロ

セッサを内蔵したシステムLSIが組み込まれている．これにより，機械本来の性能を最大限引き出すだけでなく，ユーザーにとっての快適性や，美食感などといった従来では熟練の職人技であったような機能の一部までもが実現されるようになった．

組み込みシステムの大きなものには，スペースシャトルや人工衛星，飛行機，自動車などが含まれる．なかでも，われわれにとって身近で，しかも高い安全性が要求される自動車のなかで起こっている技術革新がもっとも激しくなっている．

たとえば，高級車の場合では，搭載されているプロセッサの2個数は約100あるいはそれ以上である．主なものをあげると，

▶ エンジンの最適制御．
▶ 吸気系・排気系の制御．
▶ 車体の傾きやずれの感知と最適制御．
▶ タイヤのグリップ力やブレーキング時のスリップ防止制御．
▶ エアコンやシートの最適制御．
▶ カーナビゲーションやカーAV，車内LAN．
▶ 白線や他車・路上の人物認識．

など，さまざまな機能がプロセッサで実現されている（**図1.5**）．

自動車には，その動的性能を最適化したり，安全を確保したり，快適性を追及するための高度で非常に多くの機能が求められる．そのようなわけで，最近の10年の自動車技術の進歩の約90％は電子技術の進歩であるとの報告もあるほど，電子技術（とくに，システムLSIの技術）が重要視されているのである．

以上，現在のスマートデバイスの世界が，LSIの集積度の向上によってもたらされていることがわかった．次節では，いかにしていまの時代を迎えたかを理解するため

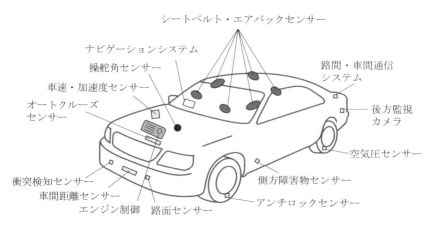

図1.5　自動車の電装

に，少しLSIの歴史について触れてみよう．

1.2 集積回路の発明と発展

1947年にショックレーらが発明した最初のトランジスタは，図1.6に示すように**点接触型**といわれるものであった．この動作原理については，第2章で詳しく述べるが，ベース電流を制御することによってエミッタとコレクタ間(2.3節参照)の電流を大きく変化させることが特徴である．真空管でない**固体型電子スイッチ**の原型が，ここにはじめて出現したわけである．

その後，トランジスタの発明・開発の業績は高く評価され，発明者であるショックレーらは1956年にノーベル物理学賞を受賞している．しかし，この点接触型では，性能が不安定で，とても大量生産に向くものではなかった．現在の驚異的な発展を可能にしたLSIに至るには，性能を安定させ，大量生産を可能とする技術など，いくつかの改良が必要であった．

図1.6 点接触型トランジスタ

印刷技術による集積回路の発展

今日のようにLSIが発展した大きな理由は，3次元の立体構造ではなく，2次元の平面構造に多数の電子スイッチを配置配線できるようになったことである．2次元的であるということは，1個の原版から膨大な量のコピーを製造する"写真印刷技術"が使えるということである．いいかえると，回路パターンの描かれたフィルムに光を当て，印画紙の上に図形を現像するのと同じ要領で，平面状のシリコン基板上にトランジスタや配線からなるLSIの複雑な回路パターンを順次，多層刷りの要領で形成していくことができるということである．

実際には4章で詳しく述べるように，パターンの現像以外に，パターン以外の不要な部分を取り除くエッチングや，半導体を形成するうえで重要な不純物を均等に打ち込むイオンドーピング，あるいは不純物を均等に拡散させトランジスタを形成するための熱拡散，といった複数の**製造工程**(プロセス)を何度も組み合わせることによっ

て，多層のLSIを形成するのである．

ここで重要なことは，現像時の縮小率を上げることによって，原理的にはいくらでも集積度を向上することができるという枠組みを可能にしたということである．このような意味あいから，平面的な構造のトランジスタ（プレーナー型トランジスタという）は，今日の集積回路を実現するためのもっとも重要な発明のひとつといえる．平面構造をとる「プレーナー型トランジスタ」は，1959年にはじめてフェアチャイルド社のロバート・ノイスらによって開発された．

また，テキサス・インスツルメンツ社のジャック・キルビー博士[*1]は今日の集積回路の原型となる"半導体装置"に関する特許（キルビー特許）を1959年2月6日に出願した（図1.7）．この発明は，テキサス・インスツルメンツ社に莫大な特許収入をもたらした．LSIが発展した今日から考えれば，ほぼ常識的なこの構造も，ラジオなどのアンプにトランジスタが単体でやっと使われるようになった当時においては，かなり革新的なものであった．しかもこの方法はLSIを製造するための原理的な方式であったので，LSIを生産する場合は必ずそれを使わなければいけないというものであった．そのため，その後発展をとげる多くの半導体会社はこの特許に対する多額の特許料支払いに苦しめられることになる．主流となる技術に対する先見性がいかに大事かということがわかる．

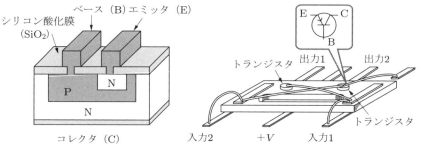

図1.7　プレーナー型トランジスタの原型

ムーアの法則

以降，1年半で2倍といった驚異的な集積度の向上が継続して行われることになる．この，集積度の変化，および集積度向上にともなう（1年半で半分のコストになるといった）経済効果はゴードン・ムーアの法則といわれる（図1.8）．ムーアは，プロセッ

---

1) ジャック・キルビー博士は，「集積回路の発明」を理由に，ノーベル物理学賞を2000年に受賞した．

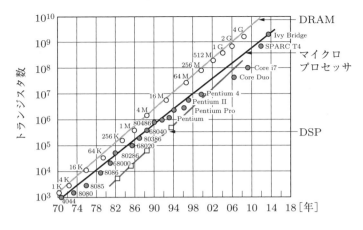

図1.8　ムーアの法則

サ開発の先端を走るインテル社創始者のひとりである．

なお，2015年の現在でも，この法則はまだ続いている．

微細配線パターンの大きさ

さて，微細化におけるサイズの具体的なイメージをもつために，いくつかの身近な物体のサイズを比較してみよう（**表1.1**）．

現在，最先端の集積回路における配線幅のサイズは20 nmである．そのサイズはほぼインフルエンザウイルスの5分の1の大きさに相当する．あるいは，大腸菌の100分の1，スギ花粉の1500分の1である．

表1.1　大きさの比較

物　体	大きさ	比　率
DNA幅	～2 nm	0.02
カーボンナノチューブの直径	～3 nm	0.03
ノロウイルス	25～35 nm	0.4
黄熱ウイルス	40～50 nm	0.5
LSIの配線幅	90 nm	1
インフルエンザウイルス	～100 nm	1
光学顕微鏡で見える限界	200 nm	2
乳酸菌	～1.2 μm	12
大腸菌 O157	～2 μm	20
スギ花粉	～30 μm	300
髪の毛	～60 μm	600
ダニ	～200 μm	2000

* nm（ナノメートル）= 10^{-3} mm = 10^{-9} m

超紫外線（SUV 光）の光の波長が約 190 nm 程度，可視光の波長はそれより長いので，光学顕微鏡で観測できる物体の限界は約 200 nm である．200 nm より細い LSI 配線を見るためには，X 線や電子顕微鏡が必要となる．

微細化にともなう高度な製造技術

印刷技術によって発展した LSI であるが，ここまで微細化するとかなり高度な製造技術が必要となってくる．

ひとつは，ウイルスぐらいの小さなゴミも排除するための**クリーンルーム設備**の実現である（図 4.2 参照）．人間が作業をするとどうしてもゴミを減らすことができないので，工場の無人化，ロボット化が進みつつある．

もうひとつは，光源の問題である．自然光での現像は限界に近づいているため，より波長の短い X 線や電子ビームの活用が期待されている．

ほかにも微細化にともなうさまざまな物理現象の解明と有効な対策を講じていく必要がある．今後は，単なる微細化ではなく，技術の**イノベーション**（新たな技術への置き換え）によって発展する時代を迎える．

回路や設計技術の革新

以上に述べた微細化製造技術の発展は，今日のシステム LSI に至るもっとも基本的なものである．ただし，それ以外にも重要なものとして，回路技術の革新，LSI アーキテクチャの革新，設計技術の革新の大きさも無視することはできない．

回路技術に関しては第 2 章と第 3 章で詳しく説明するので，ここでは要点のみ概説する．LSI が開発された当初は，**バイポーラ型**という回路方式が主流であった．この方式は，非常に高速動作するため，当初メインフレームといわれる大型コンピュータなどに用いられたが，集積度の向上とともに消費電力の増大が問題となり，次世代の方式に取って代わられることになった．

つぎに，MOS 方式の回路が用いられるようになった．MOS 方式についてもあとで詳しく述べるが，これは，ゲートに加えた電圧によって，その下の酸化膜で絶縁された**チャネル**とよばれる領域の導電性を制御する一種の電子スイッチ素子として機能する．ゲートの電圧によって制御するところから，電界効果型トランジスタともいわれる．この方式は，信号を電圧制御で伝播するため，バイポーラ型よりも低電力で動作するという特徴がある．

MOS 方式も，最初は面積の制約から，回路構造がより簡単な，**pMOS 型回路**，あるいは，**nMOS 型回路**が用いられた．その後，より低電力な **CMOS 方式**という，n 型，p 型の二つの**極性**の異なるスイッチ（MOS 回路）から構成される回路が主流となって現在に至っている（第 3 章参照）．

第 1 章　LSI と現代社会，生活とのかかわり

しかし，この方式も，集積度と動作速度の向上にともない，スイッチング動作による消費電力や，待機時のリーク電流が問題となりつつある．より低電力な新デバイス，たとえばSOI(silicon on insulator：基板分離型のトランジスタ)[*1]などの新回路方式がさかんに研究されている．

LSIアーキテクチャ，設計自動化技術に関しても大きな革新があるが，アーキテクチャに関しては関連書籍を参考にされたい．設計自動技術に関しては，第5章で解説する．

1.3 LSIの応用例：ICタグチップが社会を変える

つぎに，ゴマ粒より小さい，通信機能を備えたLSIを紹介しよう．このLSIは，1 mm角の大きさに収まり，通信と電力供給用のアンテナと，ID情報と，簡単な計算機能を備えたものである．また，このLSIは，1個10円もしないので，ほとんど使い捨て用途で使用が可能であり，文書(紙)や，洋服，スーツケースなどにタグとしてつけることができる．しかも固有IDをもっているので，それらの移動先管理や，紛失管理，通関などの検札，などに利用できる．将来は，記憶できるデータの容量の増加や，タグチップに対する通信インフラの整備により，より広範囲での流通管理，セキュリティ管理が行えるようになる．

図1.9に示すように，タグチップの基本形は，LSIと小さなアンテナである．LSIのなかには，簡単な情報の記憶と演算処理，通信処理が行われる部分が存在する．外部から電波を当ててやることによって，LSIを起動するための電源と，外部からの信

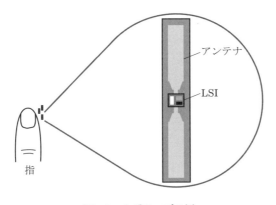

図1.9　タグチップの例

---

1) ソースドレインと基板との間のリーク電流をかなり減らすことができる，低電圧動作ができる，などの理由により低電力化に適したデバイス構造である．ただし，製造上，回路動作の難しさもあり，まだ，IBM社などの一部の会社で実用化されているのみである．

号が供給される．計算された結果は，またアンテナを通じて，外部に通信が行われる．このLSIは微弱な電流で動くことができるため，このようなことが可能となっている．外部には，インターネットにつながれた情報処理ネットワークが存在し，そこでは，受け取った信号に基づいた集中的な情報処理が行われるしくみになっている．

応用の一例としては，認知症などによる徘徊者のケア，迷子や誘拐に対する子供の安全の確保，偽造パスポートのチェック，などが考えられる．

1.4 消費電力の問題

数々の夢を実現してきたLSIであるが，同時に，設計工数の増大，消費電力および発熱の増大，コストの増大といった問題につねに直面してきた．なかでも厄介なものは，**消費電力**と**発熱**の問題である．

消費電力による問題を考えるにあたって，身近な素材として，10Wの電球と100Wの電球の違いを想像してみよう．100Wの電球のほうは，相当な発熱量で，点灯してしばらくすると手で触れることができないほどに熱くなることを経験したことがあるだろう．消費電力が増加すると，このように発熱量が増加する．発熱は，さまざまな頭の痛い問題を発生させる．

まず，パッケージのコストの問題がある．もっとも簡単で低コストな**冷却装置**は，**自然放熱**である．発熱する回路をうまく配置して，空気の自然な流れを作ってやることによって，冷却させる．冷却性能は低いが，冷却のためのコストがかからず，静かである．

つぎに，**強制空冷**といって，LSIに放熱板をつけ，ファンを回すことによって，空気の強い流れを作ってやり，冷却能力を上げる方法がある．デスクトップPCなどは，この方法が用いられているものが多い．問題点は，コスト増とファンの騒音である．とくに，家庭内で音を楽しむためのAV機器などでこの冷却方式を用いることはできない．

水冷という方式もある．これは，静粛性はあるが，コストが空冷方式以上にかかるため，一般の機器ではなかなか受け入れられない．スーパーコンピュータなど，高価なステムで用いられる場合があるが，ワークステーションやパソコン，家電機器では，市場でのコスト競争に耐えるレベルにするのは，現状の技術では，非常に困難である．

ほかには，発熱による抵抗率の変化による動作信頼性の低下などが懸念される．

さらに，ポータブル機器では，消費電力の増加は，電池寿命の短命化を引き起こす．あるいは，搭載電池の大容量化が必要となり，それが機器の小型化を阻害する要因となる．

これらの問題に対処するため，システム設計から，アーキテクチャ設計，回路設

計，デバイス設計の各ステップに渡って，設計最適化の研究がなされている．消費電力削減の問題は，非常に多岐にわたる複雑な問題であるが，それを解決したときに製品に対する大きな付加価値となる．電子システムにおいて，電池の長寿命化や低コスト化，小型化，静粛性といった項目の実現は，システムの**付加価値**といわれる．システム LSI の設計において付加価値を上げることは，製品の競争力を向上するためにきわめて重要となる．

第 1 章のまとめ

1. LSI（大規模集積回路）の発明と発展による技術革新は，現在の生活を便利にするために大きな影響を与えている．
2. LSI は，15 年で 1000 倍の集積度および性能の向上実現しており，そこから数々の夢のような技術が現実化している．
3. 電気製品だけでなく自動車や飛行機などにも，LSI とそれを動かす組み込みソフトウェアの技術はいかされている．
4. LSI の劇的な発展の原点は，平面上に回路を実装するという発明にある．
5. LSI の配線幅は，インフルエンザウイルスと同等あるいはそれ以上の微細レベルに達している．これは，光学顕微鏡では見ることのできない大きさである．
6. IC タグは，どこにでもコンピュータが存在する技術の一例として重要である．
7. 微細化技術の発展の裏には，消費電力や発熱など解決しなければならない問題が多くある．しかし，それを解決することが大きな価値につながる．

演習問題 1

1.1 われわれの身近なシステムを例にとり，その高性能化に対して，LSI の技術革新が貢献している点をまとめ，その性能が 10 分の 1 であった場合に，どのようなことになるかを対比せよ．

1.2 90 nm のトランジスタの配線を 6 m 道路に置き換えた場合，3 cm 角の LSI そのものの大きさは，どれぐらいの大きさに相当するか計算してみよ．

1.3 ムーアの法則によって今後も LSI に搭載されるトランジスタ数が増え続けた場合，どのような用途が考えられるかを想像して答えよ．

1.4 タグチップの応用について，本書で述べた以外の可能性について考察せよ．

1.5 消費電力を減らすことにより，システムに対して，どのような付加価値が得られるかを考えよ．身近な電器製品を例にとり，消費電力を 2 分の 1 にできれば，もとの製品に比べて，どれだけの経済価値（製品価格，販売数，製造コストなどに対する影響）があるかを述べよ．

2 半導体の原理

　第1章では，現代社会とLSIとのかかわりについてながめ，われわれの社会生活のなかでLSIがどのように役立っているかについて学んだ．

　LSIはシリコンという物質が基本になって作られている．LSIのなかを見ると，1辺が1cmほどのシリコンチップ（シリコン片）に膨大な数のトランジスタが入っていて，それらが極細のアルミニウムや銅などの金属線によって接続されている（**図2.1**）．最近のLSIでは，集積できるトランジスタの個数は億のオーダーに達し，線の太さは毛髪の100分の1以下という非常に細いものになっている．

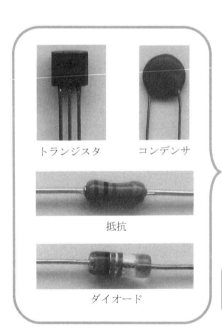
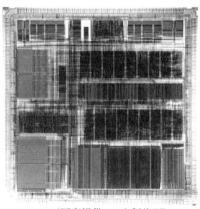

LSI（写真提供　日立製作所）

LSI（大規模集積回路）とは
左に示す電子部品が，1cm×1cmほどのシリコン上に1000個～数千万個集積され，それらが毛髪の1/100以下の細さの金属線で接続された半導体集積回路．

図2.1　LSIとは

巨大な電子回路が親指の爪ほどの面積に集積されてできているのが，LSI（大規模集積回路）である．LSIを理解するには，その構成要素であるトランジスタがどんなものであるかを知っておくことが重要である．さらに，トランジスタの動作を理解するには，半導体についての基本的な知識が必要である．

本章では，はじめに半導体とはどういうものであるかについて簡単にながめ，その発展としてトランジスタの動作原理と機能について解説する．なお，本章で扱うトランジスタはバイポーラトランジスタとよばれるもので，もうひとつのトランジスタで，近年のLSIにもっとも多く用いられているMOSトランジスタについては第3章で学習する．

2.1 半導体とは

半導体の種類

半導体は図2.2に示すように，ゴムやガラスなどの電気を通しにくい**絶縁体**と，銅やアルミニウムのように電気を通しやすい**導体**の中間にある物質である．

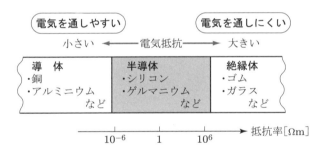

図2.2 電気を通しやすい材料，通しにくい材料

一般に，電気の通しやすさを示す指標としては電気抵抗（以後，抵抗と略す）が用いられる．電気回路の基本的な法則である**オームの法則**によれば，電圧 V，電流 I，抵抗 R の間には，$V = I \cdot R$ の関係が成り立つ．この式から，同じ電圧のもとでは，抵抗の値が小さいものほど多くの電流が流れることがわかる．

しかし，同じ物質でもその形状によって抵抗の大きさは変わるため，物質の種類に固有の値を表すものとして**抵抗率**を用いる．物質の抵抗率は，図2.3のように，その物質の $1\,\mathrm{m}^3$ の立方体の対向する二つの面に電圧をかけ，1[A]の電流が流れるようにしたときの電圧値が ρ [V]であるとき，ρ [Ωm]と定義される．

図2.2にあるとおり，半導体の抵抗率は $10^{-6} \sim 10^6$ Ωmに広がっている．しかし，

2.1 半導体とは　　**15**

抵抗率の大きさだけで半導体とはいえず，以下に述べるエネルギー帯構造をもとにした電気伝導を考える必要がある．

半導体材料で広く用いられているのは，シリコン (Si) である．そのほかに，ゲルマニウム (Ge) やセレン (Se) などがある．これらはどれも 1 種類の元素からなる半導体であり，元素半導体とよばれている．これに対して，ガリウムヒ素 (GaAs) やインジウムリン (InP) のように，二つ以上の元素からできている半導体がある．これは化合物半導体とよばれている．以下では，今日，トランジスタの材料としてもっとも多く用いられているシリコンをとりあげて説明してゆく．

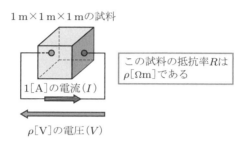

図 2.3　抵抗率の定義

シリコン原子の構造

原子は，原子核とそのまわりを取り囲む複数個の電子でできている．これを単純にモデル化して表すと，**図 2.4** のように，電子が原子核を中心にいくつかの同心円の軌道上に一定の数だけ存在する構造になる．これをボーアの原子モデルという．

シリコンは周期律表の第 IV 族に属していて，**図 2.5** に示すように合計 14 個の電子をもっている．シリコンでは三つの軌道があり，いちばん外側の軌道には 4 個の電子がある．この軌道を最外殻という．最外殻にある電子をとくに**価電子**という．価電子は半導体の性質を決めるのに大きな役割を果たしている．

図 2.4　ボーアの原子モデル

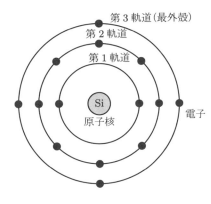
図 2.5　シリコン原子

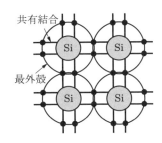
図 2.6　シリコン原子の共有結合

　原子が多数集まり，それらが規則正しく並んだ固体を**結晶**という．この結晶の形成において，隣り合う原子どうしは最外殻にある電子を共有して安定な結合状態になる．このような結合のことを**共有結合**という．図 2.6 にシリコン原子の共有結合の概念を示す．シリコンでは最外殻の 4 個の電子が原子どうしの結合の"手"となる．シリコン以外にも炭素やゲルマニウムは，いずれも四つの最外殻電子を共有した結合により結晶を形成している．

n 型半導体

　不純物を含まない純粋の元素半導体を，真性半導体という．真性半導体はほとんど電気を流さないが，これに微量の不純物を加えるとその性質は大きく変化する．
　いま，シリコンに不純物元素としてリン（P）を加えてみる．すると，シリコンとリンはたがいに最外殻にある電子を共有した形で結合する．図 2.7 に結合の様子を示す．
　さて，リンは第 V 族の元素であり，最外殻に 5 個の電子をもっている．この結果，リンの 5 個の電子のうち 1 個が結合からとり残され，自由に動き回ることができる**自由電子**となる．電子は負の電荷を帯びているため，正の電圧に引き寄せられる．したがって，自由電子が多く存在するところに正電圧を印加すると，電子は電圧の方向に一斉に移動する．これが電流である．なお，電子の移動方向と電流の流れる方向は逆の関係になっている．
　このように，シリコンの結晶に微量のリンを加えることで n 型半導体を作ることができる．

p 型半導体

　シリコンに，最外殻の電子が 3 個の元素を微量加えると，p 型半導体ができる．そのような不純物として，III 族元素のホウ素（B）がよく用いられる．

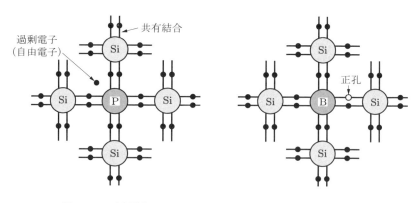

図 2.7　n 型半導体　　　　図 2.8　p 型半導体

　シリコンと不純物のホウ素は共有結合をするが，ここでは，ホウ素の最外殻の電子は 3 個であるため，共有結合を形成するには価電子が 1 個不足する．このため，ほかのシリコン原子から価電子を 1 個とって共有結合する．この結果，**図 2.8** に示すように価電子をとられたシリコン原子には電子の抜け殻ができる．この電子がない部分のことを**正孔**(あるいはホール：hole)とよぶ．正孔は"電子の抜け殻"という意味である．
　正孔は，負の電圧に引かれて移動する．正孔には自由電子のような"粒子"のイメージはないが，電子の抜け殻が移動するという点から，便宜上，正孔を正の電荷をもった"仮想粒子"と考えてもよい．
　正孔が多く存在しているところに負の電圧を印加すると，正孔はその方向に一斉に移動することになる．これが正孔の移動による電流である．この場合，正孔の移動方向と電流の流れる方向は同じである．

キャリア

　自由電子や正孔が移動することによって電流が流れることから，これらを，電気を運ぶ役目を担うものという意味で**キャリア**とよぶ．電子がキャリアとなる半導体が n 型半導体，正孔がキャリアとなる半導体が p 型半導体である．n 型半導体にするために加える不純物のことを**ドナー**，p 型半導体を作るために加える不純物のことを**アクセプタ**という．先に述べたリン原子はドナーであり，ホウ素原子はアクセプタである．

エネルギー帯

　ボーアの原子モデルで述べたように，原子は原子核と電子から成り立っている．原子核は正の電荷をもち，電子は反対に負の電荷をもっている．そして，電子は原子核を中心とする軌道上に存在している．
　いま，ある軌道に存在する電子を外側の軌道に移すことを考えてみよう．この場

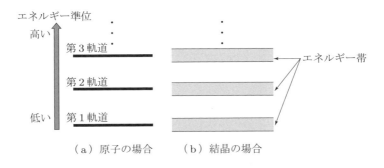

図 2.9 電子のエネルギー準位

合，原子核の正電荷と電子の負電荷によって作られている静電引力に抗して電子を移動させることになる．これには外からエネルギーを与える必要がある．反対に，外側にある電子が内側の軌道に移るとエネルギーを放出する．これは，電子の位置する軌道に応じて，あるエネルギーの値が対応するということを示している．

最外殻の電子は，もっともエネルギーの高い軌道に存在している．この様子を概念的に図 2.9(a)に示す．

これまでの説明は単一の原子について行ったが，実際には原子が多数集まって結晶を構成するので，原子どうしがたがいに影響しあって，これらの軌道はあるエネルギーの幅をもった帯になる．すなわち結晶中の電子のもち得るエネルギーは特定のエネルギーではなく，図 2.9(b)のアミかけ部分で示すように，あるエネルギー範囲をとるようになる．これをエネルギー帯とよぶ．

いろいろなエネルギー帯：伝導帯・禁制帯・価電子帯

原子モデルから容易に予想できるように，外側の軌道の電子ほど外界の影響を受けやすい．なぜなら，より内側の軌道にある電子は原子核の正の電荷の影響を強く受け，その静電引力に引きつけられていると考えられるからである．したがって，これから半導体の電気的な性質を考える場合には，最外殻の軌道に着目して考えればよい．定常状態では電子は第 3 軌道までに存在し，第 4 軌道には存在しないため，先の図 2.5 では第 3 軌道までしか示していない．しかし，以下に述べる電気伝導を考えた場合，第 4 軌道が意味をもってくる．

図 2.10 はシリコンの原子モデルの第 3 軌道と第 4 軌道のエネルギー帯を示したものである．図の B の部分は電子の軌道がない部分，いいかえれば電子の存在する確率がゼロの部分である．この領域を**禁制帯**という．

C の部分は第 3 軌道に対応する部分である．ここは，通常 4 個の電子によって充たされている．この領域を**価電子帯**という．

2.1 半導体とは

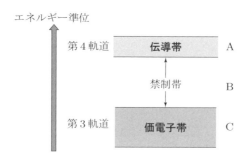

図 2.10　シリコンの第 3，第 4 軌道のエネルギー帯

　さらに禁制帯の上，A の部分を**伝導帯**という．伝導帯は第 4 軌道に対応している．もともと，ここには電子はないが，電子が存在できる座席があると考えてよい．たとえば，光が照射された結果，価電子帯にある電子が光エネルギーを吸収して伝導帯に移るのがその例である．伝導帯に励起された電子は，電界にそって自由に動くことができる．すなわち，電子による電気伝導がここで行われるから，このエネルギー帯は伝導帯とよばれる．

フェルミレベル

　n 型半導体，p 型半導体の電荷の密度とエネルギーの関係について考えてみよう．
　すでに学んだように，原子の各軌道における電子の数はある一定の値で決まっている．これは，それぞれの軌道において電子の"座席の数"が決まっていると思えばよい．座席が電子で全部埋まった状態での電子のエネルギーはゼロであり，座席を埋めていない電子の数が多くなるほどエネルギーは大きくなる．
　図 2.11 に，横軸を座席に電子が存在する確率，縦軸を電子のエネルギーにとり，この関係を示す．図で確率"1"の点が，座席が電子で全部埋まった状態に対応している．
　ここで，座席があるときに，その座席が電子によって充たされている確率が 2 分の 1 であるようなエネルギー点に注目する．このエネルギー点をとくに**フェルミレベル**（フェルミ準位）という．フェルミレベルは，半導体の動作を考えるうえで非常に重要な概念である．
　ここで，図 2.10 に示したエネルギー帯において，フェルミレベルがどこに位置するか考えてみよう．その際，禁制帯の存在に注意を払う必要がある．電子の座席があるのは伝導帯と価電子帯であり，禁制帯にはない．このとき，不純物がない真性半導体では，フェルミレベルは伝導帯の底面と価電子帯の上面のちょうど中間にあることは容易に理解できる．これを**図 2.12** の A に示す．
　では，n 型半導体ではどうだろうか．n 型半導体では正孔より電子が多く伝導帯に確

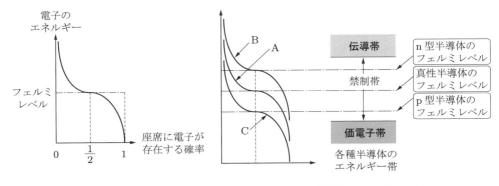

図2.11 フェルミレベル　　　図2.12 半導体のフェルミレベル

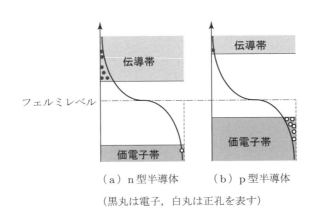

（a）n型半導体　　（b）p型半導体

（黒丸は電子，白丸は正孔を表す）

図2.13 n型・p型半導体のフェルミレベルをそろえた表示

率的に高く存在し，そのエネルギーは大きい．ここで，理解をしやすくするために伝導帯，価電子帯のエネルギーレベルを固定して表示し，図2.12に重ねて書くとBのようになる．すなわち，フェルミレベルは伝導帯のほうに近づく．

つぎに，p型半導体について同様の考察をしてみる．p型半導体では価電子帯に正孔が存在する確率が高く，伝導帯での電子の存在確率は低い．これを図2.12に重ねるとCのような曲線となり，フェルミレベルは価電子帯のほうに近づく．

以上の説明ではフェルミレベルは図2.12でn型，p型に応じて上下するように描いたが，n型，p型のフェルミレベルをあわせ，これを基準にして図2.12のBとCを描き直すと**図2.13**が得られる．この図はこのあとダイオードとトランジスタの動作を学ぶうえで必要なpn接合の概念に通じる重要な図である．

2.2 ダイオード

pn 接合

p 型半導体と n 型半導体を接合してみる．実際には，p 型，n 型二つの半導体を物理的につなぐのではなく，シリコンに入れる不純物の種類を場所によって変えることで，n 型半導体から p 型半導体に連続的に変化させることで実現する．

図 2.14 に接合の様子を示す．このとき，二つの半導体の接合面を境にキャリアの移動が起こる．この移動は**拡散**によるもので，電子は p 側へ正孔は n 側へ移動する．

拡散はある程度進行したところで止まる．そして電子と正孔はぶつかるとたがいに再結合して消滅するため，接合面をはさんで n 側には正のドナーイオン，p 側には負のアクセプタイオンが残される．ドナーイオンはリン原子の電子 1 個が消滅したことによって正に帯電したリンのイオンであり，アクセプタイオンはホウ素原子が電子を獲得したことにより負に帯電したものである．

このイオン化により接合面をはさんで電位差が発生する．これを**拡散電位**という．また，ここにはキャリアが存在しないことから，この領域を**空乏層**とよぶ．

ここで，エネルギー帯図を用いた接合面でのキャリアの振る舞いをみてみよう．図 2.13 で示したように，n 型と p 型半導体が単独の結晶のときは，n 型ではフェルミレベルは伝導帯に近いところにあり，電子が多数存在している．一方，p 型では，フェルミレベルは価電子帯近くにあり，正孔が多数存在している．

さて，p 型と n 型を接合させるとどうなるだろうか．外部から電圧を印加するなどエネルギーを与えなければ，フェルミレベルは p 型，n 型で一致する．これにより，p 型と n 型の伝導帯，価電子帯は接合面を境にエネルギーが急変することになる．この急変部分を**電位障壁**とよんでいる．これは，この部分に電界があることを意味している．

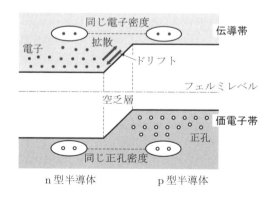

図 2.14　n 型半導体と p 型半導体の接合

図2.14に示したように，n型の伝導帯にある多くの電子はp型の伝導帯の底面よりも低いエネルギーレベルをもち，エネルギーが高い電子の密度はp型の伝導帯の同じエネルギーのレベルの電子密度と同じである．これは，電子の実質的な移動はなく，電子密度が平衡していることにほかならない．いいかえれば，n型の多数の電子がp型領域に移動できないのは，電位障壁による電界が邪魔をしているからと考えることができる．

一方，正孔についても同様の解釈があてはまる．p型にある多くの正孔は，価電子帯の上面近くのよりエネルギーレベルの高いところにあり，エネルギーレベルの低い正孔の密度は，n型にある正孔の密度と同じで，これもまた平衡状態にある．

このように，pn接合は外部から電圧をかけるなどのエネルギーを加えない限り，電流が流れることはない．

結晶中のキャリアの移動

ここで，結晶中の電子と正孔の移動について，もう少し詳しくみてみよう．電流は，電子や正孔の移動によって生じるものである．これらのキャリアが結晶中を移動するのは，

① 電気的な力（電界）
② キャリアの濃度勾配

の二つの要因による．

①については以下のように理解すればよい．伝導帯にある電子は熱エネルギーによって高速で移動し，たがいに衝突を繰り返している．この動きは方向が不規則な運動であり，累積すると全体の移動距離はゼロとなる．したがって，このままでは電流は流れない．ここで，電界をかけてみる．すると電子は不規則な運動をしながらも平均的に正の電極に向かって移動する．この移動を**ドリフト**という．この動きが電流となって現れる．このような電流を**ドリフト電流**という．

さらに，電子や正孔が特定の場所に集中して存在すると，電界がなくても移動が生じる．すなわち，濃度の高い場所から濃度の低い場所へとキャリアが移動し，その結果として電流が流れる．これを**拡散電流**という．これは②に基づく電流であり，その大きさは濃度勾配に比例する．

図2.14をもう一度みてみよう．すでに述べたとおり，n型半導体とp型半導体が接合した状態では，二つのフェルミレベルが等しくなるように変化し，伝導帯の底は，p型部分からn型部分へ向かって下方へ傾斜する．このことは，n型領域の伝導帯底面にある電子のエネルギーは，p型領域の伝導帯底面の電子のエネルギーよりも低いことを意味する．これは，n型領域がp型領域に対して正の電圧をもつと解釈することができる．この電圧によって，接合部にある電子はp型領域からn型領域に

移動し，先ほどのドリフト電流となる．

一方，n型領域の電子の濃度はp型領域の電子の濃度に比べて圧倒的に大きいので，接合部において電子の濃度勾配ができる．したがって，n型領域の電子はp型領域に向かって拡散し，拡散電流となる．しかし，実際には，ドリフト電流と拡散電流はつり合い，電流は流れない．これは，拡散で接合部に入った電子が，電界によってn型領域に押し戻され，均衡した結果であると考えることもできる．

バイアス電圧

pn接合に電圧を加えたとき，接合面を境として，それぞれのエネルギー準位はどのように変化するかをみてみよう．このとき，電圧の与え方として，p型半導体に正の電圧，n型半導体に負の電圧を与える場合と，その逆で，p型半導体に負の電圧，n型半導体に正の電圧を与える場合の2通りがある．前者を順バイアス，後者を逆バイアスとよぶ．

1 順バイアス

順バイアスではp型半導体に正，n型半導体に負の電圧がかかっている．その結果，p型半導体にある電子は正電圧によりエネルギーを失うことになる．なぜなら電子はもともと負の電荷をもっており，これに正電圧を加えることは電子のエネルギーを減少させる方向に作用するからである．したがって，p領域のエネルギー帯は図2.15のように下方向にシフトする．

反対に，n領域の電子はエネルギーを得た結果，n領域のエネルギー帯は上方向にシフトする．このため，電位障壁は小さくなりn領域の電子はp領域へ，p領域の正孔はn領域へと入ってゆく．

p領域はもともと正孔がたくさんあるp型半導体であるから，ここに入った電子は，そこでは**少数キャリア**とよばれる．同様に，n領域に入った正孔も少数キャリアである．この電子と正孔の移動が電流となるわけである．

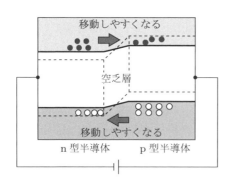

図2.15 順バイアスしたpn接合

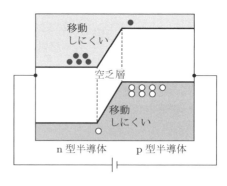

図2.16 逆バイアスしたpn接合

2 逆バイアス

pn 接合において，p 側に負電圧，n 側に正電圧を与えるのが逆バイアスである．いままでの説明をあてはめると，p 領域の電子はよりエネルギーを得，n 領域の電子はよりエネルギーを失う．すなわち図 2.16 に示すように電位障壁は高くなり，空乏層は広がって電子と正孔のそれぞれ反対領域への移動は抑制される．この場合，電流はほとんど流れない．

以上，述べた現象が，実はダイオードの動作を説明したことになる．ダイオードは図 2.17(a) に示すように p 型半導体と n 型半導体が接合して作られており，その電圧の与え方によって導通・非導通の二つの動作として観測される．

図 2.17(b) のようにダイオードの p 極に負電圧，n 極に正電圧を加える．この場合 pn 接合は逆バイアスされた状態であり，電子と正孔はたがいに離れる向きに移動し，接合部分に電子も正孔もない電気抵抗の高い部分ができる．外部から加えた電圧は全部この抵抗の高い部分にかかってしまい，電流はほとんど流れない．すなわち，非導通状態になる．

一方，図 2.17(c) のように p 極に正電圧 n 極に負電圧をかけると，pn 接合は順バイアスされた状態になり全体として電流が流れる．すなわち導通状態となる．導通，非導通をあわせて電流電圧の変化を図で表すと，図 2.18 のようになる．これがダイオードの電流電圧特性である．

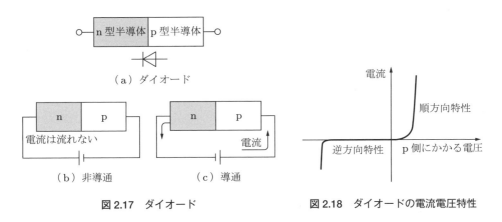

図 2.17　ダイオード　　　　図 2.18　ダイオードの電流電圧特性

2.3 バイポーラトランジスタ

バイポーラトランジスタの構造

p 型半導体と n 型半導体を図 2.19 のように接合させると，トランジスタができる．図 2.19 の (a) は，n 型-p 型-n 型の順に接合させたものであり，(b) のほうは p 型-n

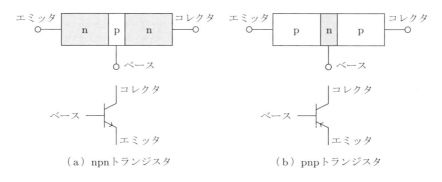

図 2.19　トランジスタ

型-p 型の順で接合している．(a)のタイプを npn トランジスタ，(b)のタイプを pnp トランジスタという．実際のトランジスタの形状や大きさはこんなに簡単ではないが，原理を理解するうえではこれで十分である．図で(a)(b)ともに，左側の半導体をエミッタ，中央の半導体をベース，右側の半導体をコレクタとよぶ．npn トランジスタは，エミッタとコレクタは n 型半導体，ベースは p 型半導体でできている．pnp トランジスタでは，エミッタとコレクタは p 型半導体，ベースは n 型半導体である．npn トランジスタ，pnp トランジスタの回路記号をあわせて図に示す．このトランジスタを動作させるための電圧の与え方は，npn トランジスタ，pnp トランジスタのいずれについても，エミッタ-ベース間は順バイアス，ベース-コレクタ間は逆バイアスにする．

　トランジスタは，シリコン単結晶のなかを電子と正孔が移動することで，動作する．電子と正孔の両キャリアを利用してトランジスタのはたらきを実現させることから，このようなトランジスタをバイポーラトランジスタという．"バイ"は 2 を意味する接頭語であり，"ポーラ"は極を表す．したがって，バイポーラトランジスタとは双極型トランジスタのことであり，電子と正孔の二つ(負と正の電荷)がトランジスタの動作にかかわることからこのように名付けられたのである[1]．

バイポーラトランジスタの動作原理

　図 2.20 を用いて npn トランジスタの動作を説明しよう．図 2.20 は，図 2.15 と図 2.16 に示した順バイアスの pn 接合と逆バイアスの pn 接合を，p 型部分を共通にした形になっている．エミッタの不純物濃度は，p 型半導体であるベースの不純物濃度

---

[1] 電子または正孔のどちらか一方だけをキャリアとして利用するトランジスタをユニポーラトランジスタという．しかし，この呼び名はあまり用いられず，電界効果型トランジスタ(FET：field effect transistor)，または MOS トランジスタ(metal oxide semiconductor)というほうが多い．MOS トランジスタについては第 3 章で述べる．

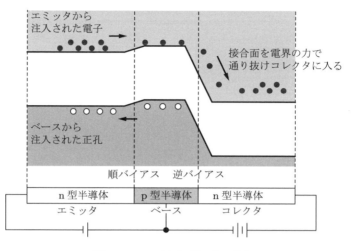

図 2.20　npn トランジスタの動作

よりも大きく作られている．

　エミッタの電子濃度は十分大きく，エミッタ-ベース間は順方向にバイアスされているからエミッタ領域の電子はベース領域に流れ込む．ベースは電子が正孔と再結合して消滅しないように十分薄く作られているので，エミッタからベースに入ってきた電子のほとんどがベース内を拡散してコレクタとの接合面に達する．

　ベース-コレクタ間は逆方向にバイアスされているから，接合面に達した電子はポテンシャルの坂を落ちてコレクタ端子へと流れ込む．コレクタはベースとの接合面において電子を吸い込むはたらきをしていると考えればよい．コレクタは"コレクション(収集)するはたらきをするもの"という意味をこめて名付けられたと考えれば理解しやすい．ちなみに，エミッタは"エミッション(放出)するはたらきをするもの"と解釈すればその機能も理解できるだろう．

　図 2.21 に npn トランジスタ内のキャリアと電流の関係を示す．電流の方向は電子の流れる向きと反対であるから，エミッタからコレクタに流れ込んだ電子の流れは，コレクタからエミッタに向かう電流，すなわちコレクタ電流 I_C となる．

　つぎに，ベース領域の正孔に着目してみよう．エミッタ-ベース間の順方向電圧により，ベース領域の正孔はエミッタとベースの接合面を通してエミッタ領域に入る．これがベース電流である．電子と正孔の移動の方向からわかるとおり，エミッタの電流 I_E は電子によるコレクタ電流と正孔によるベース電流の和となっている．すなわち，次式のようになる．

$$I_E = I_C + I_B \tag{2.1}$$

コレクタ電流とエミッタ電流では，エミッタ電流のほうが多い．コレクタを流れる電

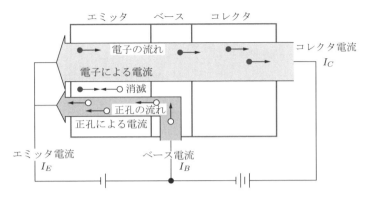

図 2.21 npn トランジスタのキャリアと電流

流とエミッタを流れる電流の比 α を次式で表す.

$$\alpha = \frac{I_C}{I_E} \tag{2.2}$$

α をベース接地電流増幅率という．ここで，$I_C < I_E$ であるから，$\alpha < 1$ である．α が 1 に近いほど，エミッタの電子が効率よくコレクタへ到達することになる．実際のトランジスタでは，$\alpha = 0.99 \sim 0.995$ のように，非常に 1 に近い値になるように作られている．

いままでの説明でわかるように，npn トランジスタではエミッタにある大量の電子とベースにある正孔が組み合わさってトランジスタのはたらきを実現している．この場合，キャリアの量では電子が圧倒的に多い．したがって，npn トランジスタは多数キャリアに電子，少数キャリアに正孔を用いるタイプのトランジスタであるということができる．反対に，pnp トランジスタでは，多数キャリアに正孔，少数キャリアに電子を用いるものである．

電圧の増幅機能

トランジスタを用いて電子回路を組んだとき，トランジスタはいろいろなはたらきをする．図 2.22 の回路について考えよう．この回路はエミッタ-ベース間のバイアス電圧 V_{BE} に微小電圧 ΔV_{BE} を直列に接続し，さらにコレクタに抵抗 R_L を接続している．

いま，$\Delta V_{BE} = 0$ のときのエミッタ電流を I_{E0} とすると，コレクタ電流 I_{C0} は式(2.2)より

$$I_{C0} = \alpha I_{E0} \tag{2.3}$$

である．コレクタ抵抗 R_L の両端に発生する電圧 V_0 は $I_{C0} \cdot R_L$ であるから，式(2.3)より，

$$V_0 = \alpha I_{E0} \cdot R_L \tag{2.4}$$

となる．

　ここで，トランジスタのエミッタ−ベース間は順方向の pn 接合ダイオードであることに注意しよう．すなわち，電圧 V_{BE} と電流 I_E の関係は，図 2.18 に示した電流電圧特性に従っている．いま，V_{BE} を 0.6 V に設定し，図 2.18 を V_{BE} = 0.6 [V] の近辺において拡大して表示すると**図 2.23** のような曲線になっている．図 2.23 で，V_{BE} = 0.6 [V] でのエミッタ電流をみると，I_E = 1.0 [mA] であることがわかる．この回路のトランジスタの α を 0.99 とすると式 (2.4) の V_0 は

$$V_0 = 0.99 \times 1.0 \, [\text{mA}] \times 4.0 \, [\text{k}\Omega] = 3.96 \, [\text{V}] \tag{2.5}$$

になる．

　では，ΔV_{BE} を加えたとき抵抗 R_L の両端に発生する電圧 V_0 はどう変わるだろうか．いま，ΔV_{BE} = 0.01 [V] を加えてみよう．このとき，エミッタ−ベース間の電圧は $V_{BE} + \Delta V_{BE}$ = 0.61 [V] になるから，エミッタ電流は図 2.23 より

$$I_{E0} + \Delta I_E = 1.5 \, [\text{mA}] \tag{2.6}$$

に増加する．この結果，抵抗 R_L の両端の電圧 $V_0 + \Delta V_0$ は

$$\begin{aligned} V_0 + \Delta V_0 &= \alpha(I_{E0} + \Delta I_E)R_L \\ &= 0.99 \times 1.5 \, [\text{mA}] \times 4.0 \, [\text{k}\Omega] = 5.94 \, [\text{V}] \end{aligned} \tag{2.7}$$

となる．以上から，出力電圧の増分 ΔV_0 は

$$\Delta V_0 = 5.94 \, [\text{V}] - 3.96 \, [\text{V}] = 1.98 \, [\text{V}] \fallingdotseq 2.0 \, [\text{V}] \tag{2.8}$$

になる．これは，エミッタ−ベース間の電圧を 0.01 V 変化させると出力電圧（コレクタ抵抗 R_L の両端の電圧）は約 2 V 変化し，変化分は 200 倍になったことを示している．これが電圧増幅の機能である．この変化分の比を

$$A = \frac{\Delta V_0}{\Delta V_{BE}} \fallingdotseq = 200 \, \text{倍} \tag{2.9}$$

と表し，A を図 2.22 の回路の**増幅度**という．

　ここで注意しないといけないのは，電圧増幅というのは入力電圧そのものを大きくするのではなく，入力された電圧の変化分を大きくして取り出すということである．

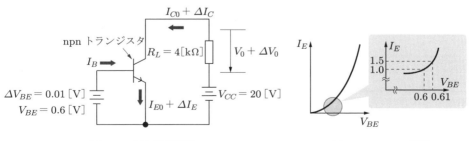

図 2.22 電圧増幅回路　　　　　**図 2.23** V_{BE}–I_E 特性

増幅度が大きいということはベース側の小さな変化分の電圧でコレクタ側の電圧を大きく変えることができることを意味している．変化分を大きくできる割合は，コレクタに接続されている抵抗 R_L の大きさに依存する．

図 2.22 では ΔV_{BE} を電池で示したが，実際にはここにマイクロホンからの音声信号(時間とともに音声波形に対応する電圧値が変化している)を与え，出力抵抗の部分をスピーカーにつなぐことで，入力された音声を大きくして取り出すことができる．すなわち音声の増幅ができる．音声信号のように時間とともに値が連続的に変化する信号を**アナログ信号**という．

図 2.24 にアナログ信号を増幅する回路の例を示す．図 2.22 と比べて少し複雑になっているが，増幅の原理を理解するうえでは図 2.22 と変わりないことがわかる．図 2.22 ではベース電圧 V_{BE} を電池で表したが，図 2.24 ではベース電圧は V_{CC} から抵抗 R_B を介して供給されている．ΔV_{BE} に相当する入力信号は端子 A から与えられ，増幅されて端子 B から取り出される．ベースとコレクタに入っているコンデンサ C_{in}, C_{out} はそれぞれ入力信号，出力信号の直流成分を除去し，変化分(交流成分)だけを取り出すはたらきをしている．

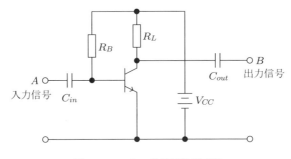

図 2.24　アナログ信号増幅回路

電流の増幅機能

電流の増幅は，ベース電流の微小な変化をコレクタ電流の変化として取り出すことで実現できる．式(2.1)と式(2.2)を用いて I_C と I_B の比を求めると，

$$\frac{I_C}{I_B} = \frac{I_C}{I_E - I_C} = \frac{\alpha I_E}{I_E - \alpha I_E} = \frac{\alpha}{1-\alpha} \tag{2.10}$$

が得られる．α は 1 に近い値(0.99 ～ 0.995)であるから，I_C/I_B の値は 1 より非常に大きくなることがわかる．そこで，I_B を変化させたとき I_C がどうなるかに着目するような回路を考えれば，電流の増幅ができることになる．

ベースに加えた電流に対して，コレクタの電流 I_C は式(2.10)より

$$I_C = \frac{\alpha}{1-\alpha} I_B$$

となる．$\alpha/(1-\alpha)$ は1より大きいため，電流が増幅できることになる．そして，

$$\beta = \frac{\alpha}{1-\alpha} \tag{2.11}$$

で定義される β(ベータ)を**エミッタ接地電流増幅率**という．

いま，I_B を $I_B + \Delta I_B$ にしたとき，I_C が $I_C + \Delta I_C$ になったとすると式(2.10)，(2.11)より，$I_C + \Delta I_C = \beta(I_B + \Delta I_B)$ になる．したがって，電流変化分 ΔI_C は $\beta \cdot \Delta I_B$ となる．

たとえば，$\beta = 99$ のエミッタ接地回路でベース電流を 0.01 mA 変化させたとき，コレクタ電流は 0.99 mA（99倍）の変化となって現れる．このような回路を**図 2.25** に示す．実はこの回路は図 2.22 に示したものと同じ構成になっている．図からわかるとおり，エミッタ端子が二つのバイアスを与える電池の共通点(エミッタコモン)になっている．電子回路では，入力側と出力側が交流信号的にみて共通になっている（直結している）線を，**接地線**または**グランド線**という．図 2.25（図 2.22）ではエミッタ端子が接地線に接続されている．このような接続をトランジスタの"**エミッタ接地**"という[*1]．

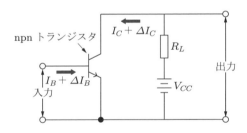

図 2.25　エミッタ ABC 接地回路

2.4　ディジタル回路としてのトランジスタのはたらき

バイポーラトランジスタを用いた論理回路

ディジタル回路は論理回路ともよばれ，アナログ回路とともに LSI の動作のなかで重要な役割を担っている．ディジタル回路は**ブール代数**という論理代数の演算を電子回路で実現したもので，コンピュータをはじめさまざまな情報機器に用いられている．

[*1] トランジスタ回路には，接地線(入力と出力の共通線)をトランジスタのどの端子に接続するかで，エミッタ接地，ベース接地，コレクタ接地の3種類の接続方法がある．

ブール代数の基本演算には，論理積(AND)，論理和(OR)，否定(NOT)の三つがあり，それぞれ・，＋，－の記号で表す．これら三つの論理演算によってすべての論理回路を実現することができる．この中で，AND回路，OR回路はダイオードを用いて，NOT回路はトランジスタを用いて構成することができる．

1 AND 回路

AND回路は，図2.26(a)に示すように，ダイオード2個と抵抗1個で実現できる．図でA，Bは入力端子であり，Cは出力端子である．また，Eは電源電圧であり，通常5Vとする．いま，A，Bに0Vか5Vの入力電圧を加えたとき，出力Cの電圧がどうなるかみてみよう．

---

❶ AとBがともに0Vのとき：
二つのダイオードは順バイアスされたことになり，いずれも導通(オン)してEからA，Bに電流が流れる．このため，Cの電位はA，Bに等しく0Vとなる．

❷ Aが0VでBが5Vのとき：
Aのダイオードが導通して電流が流れ，CはAと同じ電位0Vになる．一方，Bのダイオードは非導通(オフ)となる．

❸ Aが5VでBが0Vのとき：
❷のAとBが入れ替わっただけであり，Cは同様に0Vである．

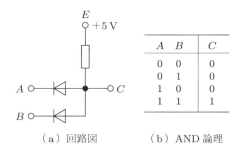

(a) 回路図　　　(b) AND論理

図2.26　AND回路

❹ A，Bがともに5Vのとき：
ダイオードのn極p極の間に電位差がなく，ダイオードはどちらも非導通(オフ)となる．この結果，Cには抵抗を通してEの電圧が現れ5Vとなる．

0Vを論理値の"0"，5Vを論理値の"1"に対応させ，❶〜❹の入力電圧と出力電圧の関係を論理値として表すと，図2.26(b)のようになる．これがAND論理になっていることは容易に理解できる．

2 OR 回路

OR 回路を図 2.27(a)に示す．二つのダイオードのn極どうしが結ばれて出力端子 C になり，抵抗を介して接地電位 0 V に接続されている．A, B に 0 V か 5 V の入力電圧を加えたとき，出力 C の電圧はつぎのようになる．

❶ A と B がともに 0 V のとき：
　ダイオードのn極p極の間に電位差がなく，ダイオードはどちらも非導通(オフ)となり，C は接地電位 0 V となる．

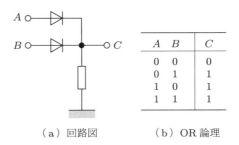

(a) 回路図　　　(b) OR 論理

図 2.27　OR 回路

❷ A が 5 V で B が 0 V のとき：
　A のダイオードが導通して電流が流れ，C は A と同じ電位 5 V になる．一方，B のダイオードは逆バイアスがかかり非導通(オフ)となる．

❸ A が 0 V で B が 5 V のとき：
　❷の A と B が入れ替わっただけであり，C は同様に 5 V である．

❹ A, B がともに 5 V のとき：
　ダイオードはどちらも導通(オン)となり，C の電位は 5 V となる．

0 V を論理値の"0"，5 V を論理値の"1"に対応させ，❶〜❹の入力電圧と出力電圧の関係を論理値として表すと，図 2.27(b)のようになる．これはまさしく OR 論理になっている．

3 NOT 回路

NOT 回路を図 2.28(a)に示す．この回路の動作は以下のとおりである．

❶ A が 5 V (論理値の"1")のとき：
　npn トランジスタのベース−エミッタ間に順方向の電圧が与えられ，トランジスタはオンになってコレクタからエミッタに電流が流れる．出力端子 B は接地電位になり，論理値でいえば"0"になる．

2.4　ディジタル回路としてのトランジスタのはたらき

❷ A が 0 V(論理値の"0")のとき：
トランジスタはオフになり出力端子 B は電源電圧と同電位になる．論理値でいえば"1"になる．

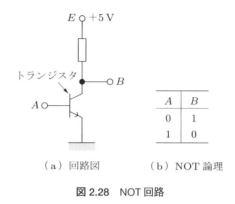

(a) 回路図　　(b) NOT 論理

図 2.28　NOT 回路

以上の関係をまとめると図 2.28(b)になり，入力の論理値と逆の論理値が出力される NOT 回路としてはたらくことがわかる．

DTL と TTL

以上の三つの基本回路を接続してゆくことにより，複雑な機能をもった論理回路を作ることができる．しかし，ダイオードを用いた論理回路では，ダイオードを1個通過するたびに入力信号の電圧レベルが低下して出力側に現れる．これを繰り返してゆくと，論理信号の電圧レベルがだんだん低下し，後段になるにつれて論理値のあいまいな信号になっていく．

この問題に対処するために，ダイオードと増幅機能をもつトランジスタを組み合わせた論理素子が考えられている．たとえば，**図 2.29**(a)に示すように AND 回路と NOT 回路を結合した回路は，入力 A と B の論理積の否定(AND-NOT)が出力になる．これは論理回路でいう NAND 回路である．同様に，OR 回路と NOT 回路を結合させることで図 2.29(b)の NOR 回路ができる．このように，ダイオードとトランジスタを用いて作られる論理回路のことを**ダイオード・トランジスタ論理**(diode-transistor logic)，略して **DTL** とよんでいる．

ここで，AND，OR の論理自体はダイオードで実現されていることに注意しよう．そこで，個別のダイオードを用いるのでなく，ダイオードで実現している論理機能をトランジスタにもたせることができれば，集積回路にした場合，都合がよい．これは，**図 2.30** のように，複数のエミッタをもったトランジスタで実現できる．このような構造をもったトランジスタをマルチエミッタトランジスタという．マルチエミッ

タトランジスタを用いた NAND 回路を図 2.31 に示す．

トランジスタで論理機能を実現していることから，このような回路のことを一般に**トランジスタ・トランジスタ論理**(transistor-transistor logic)，略して **TTL** とよぶ．TTL は論理回路用の小規模な集積回路(SSI)として，これまで広く用いられてきている．

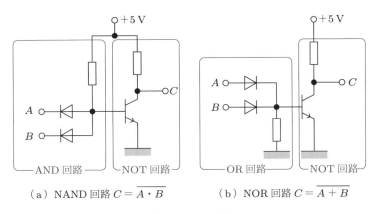

図 2.29　DTL の例

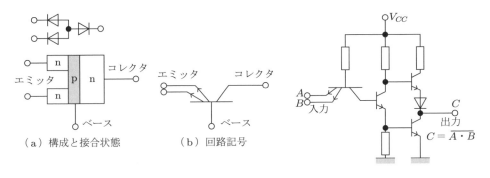

図 2.30　マルチエミッタトランジスタ

図 2.31　TTL NAND ゲート

スイッチ素子としてのトランジスタ

いままでの説明で，ディジタル回路においてトランジスタはオンとオフの二つの動作状態があることがわかった．図 2.32 を用いてもう少し詳しくみてみよう．

図 2.32(a)は簡単な NOT 回路である．ここで，トランジスタのベース電流 I_B をパラメータにとって，コレクタ電流 I_C とエミッタ-コレクタ間電圧 V_{CE} の関係をみると図 2.32(b)の曲線が得られる．これはトランジスタの特性曲線としてよく知られている．このトランジスタに負荷抵抗 R_L を接続し，コレクタ供給電圧 V_{CC} を印加すると

2.4　ディジタル回路としてのトランジスタのはたらき

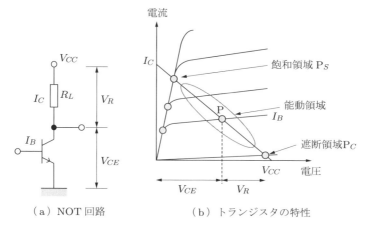

図 2.32　トランジスタの動作領域

$$V_{CE} = V_{CC} - I_C \cdot R_L \tag{2.12}$$

の関係から，V_{CE} と I_C の関係は図 2.32(b)の直線 P_S-P_C 上を移動する点 P で示される．点 P を動作点という．ベース電流がゼロの状態では，この直線は特性曲線と P_C で交わる．すなわち，動作点は P_C になる．この動作領域を遮断領域という．このとき，図よりコレクタ電流 I_C はゼロに近く，$V_{CE} \fallingdotseq V_{CC}$ となる．これがトランジスタがオフした状態である．

つぎに，I_B を増加させてゆくと，それに応じて I_C が増加し，V_{CE} が減少してゆくことが読み取れる．このとき，動作点は直線に沿って左上方向に移動し，I_B がある値を超えると，点 P_S で行き止まる．この動作領域を飽和領域という．この状態ではコレクタとエミッタ間の電位差 V_{CE} は非常に小さくなり，コレクタ電流 I_C は，ほぼ V_{CC}/R_L となる．この状態がトランジスタがオンした状態である．

したがって，動作点が P_S になるようにベース電流を多く流す(このためには高い入力電圧を与える)ことにより，出力電圧をゼロに近づけ(論理値"0")，逆に，動作点が P_C になるようにベース電流をゼロにする(このためには十分低い入力電圧を与える)ことによって出力電圧を V_{CC} (論理値"1")に近づけることで，NOT 回路の動作が実現したことになる．

トランジスタのオン・オフはコレクタ電流の増減によることが，上の説明で明らかになった．すなわち，TTL 回路では論理値を飽和領域と遮断領域の二つの動作点に対応づけ，この間を遷移させることで動作させているわけである．

われわれはすでに，コレクタ電流は多数キャリアによるものであることを知っている．したがって，飽和領域から遮断領域へ遷移させたり，その逆に，遮断領域から飽和領域に遷移させるには，多数キャリアの発生と消滅を行わせる必要があり，これが

スイッチング時間の遅れの原因になっている．そこで考えられた回路に，つぎに述べる ECL とよばれる回路がある．

ECL 回路

ECL 回路は，**エミッタ結合論理**(emitter coupled logic)のことで，**図 2.33** のような構成をしている．図でわかるとおり，論理をとるトランジスタのエミッタが共通に接続されている．この回路は，CML(current mode logic)ともよばれる．ECL は回路の構造面から，CML は回路の動作面に注目してつけられた呼び名である（ここでは，ECL のほうを用いる）．

TTL では，飽和領域と遮断領域を動作点に用いていたのに対し，ECL は，この二つの領域の中間の領域で動作させる．この領域を能動領域という．ECL 回路の特徴は，動作点を能動領域に設定し，電流の流路を切り替えることによって論理操作を実現するところにある．

図 2.33 は ECL による NOR/OR 論理回路である．二つの入力 A, B はトランジスタ T_a と T_b のベースに接続されている．一方，トランジスタ T_r のベースには一定の基準電圧 V_r が加えられている．ECL は，入力電圧と基準電圧の大小関係によって V_{CC} から V_{EE} に流れる電流の経路を切り替えることにより，電流が流れる側の負荷抵抗 R の電圧と，流れない側の負荷抵抗の電圧をそれぞれ出力トランジスタのエミッタフォロア回路[*1]に導き，出力電圧として取り出す．実際の回路では，V_{CC} にはグランド電圧，V_r と V_{EE} には負電圧が与えられる．

いま，入力 A, B のどちらかが基準電圧より高い場合，電流は図の流路①を流れ，T_r 側（流路②）には流れない．この結果，①側の抵抗の電圧降下がエミッタフォロア

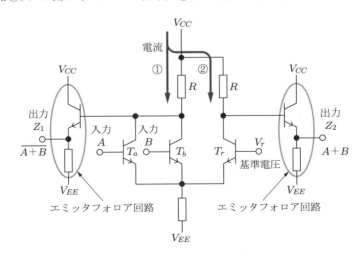

図 2.33 ECL 回路の例

2.4 ディジタル回路としてのトランジスタのはたらき

回路を介して出力 Z_1 に現れ，Z_1 は低電圧，Z_2 は高電圧となる．この電圧の違いを論理値に対応させることにより，論理操作を実現できることになる．この例では，Z_1 からは A と B の NOR が，Z_2 からは A と B の OR が得られることになる．

ECL 回路は電流スイッチ(current switch)タイプの回路であり，トランジスタを飽和させず能動領域で使用するため，スイッチング速度が非常に速いという特長がある．その反面，回路にはつねに電流が流れており，電力消費が大きいのが欠点である．このような面から，ECL 回路は最近まで，超高速動作が求められる大型コンピュータやスーパーコンピュータなどに用いられてきた．これらのコンピュータは ECL 回路から出る熱を逃がすための大がかりな冷却装置がつけられている．

第 2 章のまとめ

1. 半導体を電気的性質で分けると，n 型半導体と p 型半導体に分かれる．
2. シリコン単結晶に不純物元素として微量のリンを入れると n 型半導体ができる．
3. n 型半導体で電流の担い手になるキャリアは電子である．
4. シリコン単結晶に不純物元素として微量のホウ素を入れると p 型半導体ができる．
5. p 型半導体で電流の担い手になるキャリアは正孔である．
6. 電子は伝導帯や価電子帯など複数のエネルギー帯にあり，このうち，伝導帯にある電子は電界によって移動して電流となる．
7. n 型半導体と p 型半導体を接合させるとダイオードができる．順バイアス電圧をかけると電子と正孔は移動してダイオードは導通する．
8. n 型半導体と p 型半導体を pnp の順で接合させると pnp 型バイポーラトランジスタができる．npn の順で接合させると npn 型バイポーラトランジスタができる．
9. バイポーラトランジスタでは電子と正孔の両方をキャリアとして利用する．
10. トランジスタの三つの端子を**エミッタ**，**ベース**，**コレクタ**とよぶ．
11. トランジスタを正しく動作させるには，エミッタ-ベース間は順バイアス電圧，ベース-コレクタ間は逆バイアス電圧を与える．
12. トランジスタ回路によって電圧・電流の増幅ができる．
13. トランジスタをスイッチ素子として用いるとディジタル論理回路を構成することができる．このとき，回路方式として，DTL，TTL，ECL がある．

---

1) エミッタフォロア回路は，コレクタ接地であり，回路図で見れば図 2.33 のように，トランジスタのエミッタに抵抗を接続し，そこから出力を取り出す．電圧増幅機能はないが，電流増幅度は大きい．負荷駆動能力が大きいという特徴を生かして，同軸ケーブルのような高負荷で高速信号伝送が必要な信号送出端の回路として用いられる．また，入力インピーダンスを非常に高く，出力インピーダンスを低くとれるという特徴があり，インピーダンス変換回路として多く使われている．

演習問題2

2.1 半導体の材料として用いる物質の元素記号を三つ以上あげよ．

2.2 n型半導体として機能するために，シリコンに加える不純物元素の名称と元素記号を示せ．

2.3 p型半導体として機能するために，シリコンに加える不純物元素の名称と元素記号を示せ．

2.4 半導体の動作において，キャリアとなるものについて説明せよ．

2.5 npnトランジスタ，およびpnpトランジスタの多数キャリアと少数キャリアをそれぞれ示せ．

2.6 フェルミレベルについて簡単に説明せよ．

2.7 バイポーラトランジスタの三つの端子の名前をあげよ．

2.8 図2.34(a)～(d)のなかで，pnpトランジスタを動作させるために正しいバイアス電圧を与えている図はどれか．

2.9 論理回路を実現するのに必要な基本論理演算をあげよ．

2.10 ECLの特徴について説明せよ．

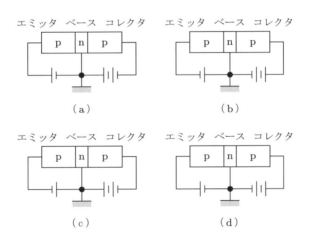

図2.34

3 LSIの回路

　第2章では，バイポーラトランジスタの動作原理と基本的な回路について学んだ．第3章ではMOSトランジスタとそれを用いた回路について学習する．

　MOSトランジスタをMOS FETと書くことがある．この"MOS"は，metal（金属），oxide（酸化物），semiconductor（半導体）の頭文字をとったものである．また，"FET"はfield effect transistorの略称で，日本語では**電界効果トランジスタ**という．これは，トランジスタの動作特性が内部の電界強度の変化に依存する，という点に着目してつけられた呼び名である．

　MOSトランジスタは，**nMOS**とよばれるものと，**pMOS**とよばれるものの2種類に大別される．すでにわれわれは第2章で，半導体の動作において電流の担い手として電子と正孔の2種類があり，これらをキャリアとよぶ，ということを学んだ．バイポーラトランジスタでは，電子と正孔の二つのキャリアがペアになってトランジスタの動作に関与している．これに対してMOSトランジスタでは，動作に関与するキャリアは基本的に1種類である．すなわち，nMOSでは電子がキャリアになり，pMOSでは正孔がキャリアになる．

　動作原理からみれば，MOSトランジスタはこの2種類に限られる．しかし実際には，**CMOS**とよばれるもうひとつのトランジスタがある．このトランジスタは，ひとつのシリコン基板上にpMOSとnMOSを同時に形成し，両者の組み合わせによって動作するものである．CMOSの"C"は"complementary"のことで，日本語では"相補型MOS"と訳される．

　CMOSトランジスタの動作は，nMOSとpMOSの動作原理を理解すれば容易にわかる．CMOSトランジスタは電力の消費が少ないという利点があり，マイクロプロセッサや携帯電話，情報家電，スマートデバイスなどを構成するLSIの中心的な回路素子としてもっとも多く用いられている．

3.1 MOSトランジスタの構造と動作

nMOSトランジスタとpMOSトランジスタ

MOSトランジスタは上に述べたように3種類あるが，最初にnMOSトランジスタをとりあげてその構造を説明する．

図3.1は，nMOSトランジスタの断面構造を模式的に示したものである．nMOSトランジスタは，p型半導体のなかに二つのn型半導体の領域が形成されている．これらにはさまれた基板の表面は，**ゲート酸化膜**とよばれる二酸化シリコン（SiO_2）の薄い絶縁膜で覆われており，その上に電極がある．電極には，通常，**ポリシリコン**（多結晶シリコン）とよばれる導電性の材料が用いられる．

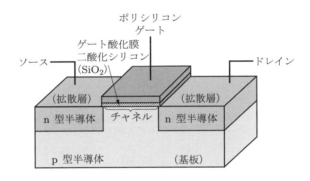

図3.1　nMOSトランジスタの構造

二つのn型半導体の部分を，**ソース**（source），**ドレイン**（drain）とよぶ．またソース，ドレイン部分を拡散層とよぶことがある．電極部分を**ゲート**（gate）という．ソースは"キャリアを送り出すところ"，ドレインは"キャリアを吸い込むところ"という意味と理解すればよい．また，ソースとドレインにはさまれた基板表面の領域を**チャネル**という．

MOSトランジスタを動作させるには，各部に適正な電圧を与える必要がある．nMOSトランジスタでは，ソースはグランド電位または負電位を与える．グランド電位の値は0Vである．なお，グランドのことを"接地"，あるいは"アース"ということもあるが，本書では"グランド"の用語を用いる．

ドレインには正の電位を与える．基板はソースと同じ電位にする．ゲートは入力端子であり，ここにはトランジスタを動作させるための入力信号の電圧を加える．

以上の電圧の与え方からみると，MOSトランジスタは4端子の回路素子になる．しかし，回路の動作を考える際には基板端子は考えず，ソース・ドレイン・ゲートの

3端子素子として取り扱うことが多い．**図 3.2** に nMOS トランジスタの回路記号を示す．

つぎに，pMOS トランジスタについてみてみよう．半導体の種類では，pMOS は nMOS と反対の関係にあるが，構造面からみると基本的に同じ構造をしている．pMOS の構造と回路図をそれぞれ**図 3.3**，**図 3.4** に示す．

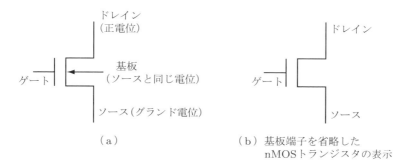

図 3.2　nMOS トランジスタの回路記号

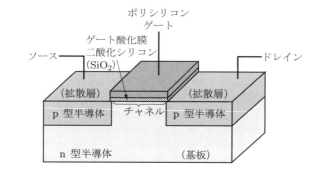

図 3.3　pMOS トランジスタの構造

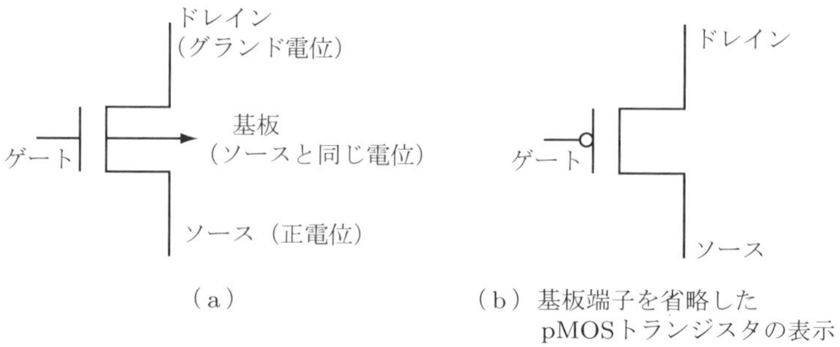

図 3.4　pMOS トランジスタの回路記号

nMOSと同様に，基板，ソース，ドレイン，ゲートの端子があり，基板はn型半導体，ソースとドレインはp型半導体である．pMOSトランジスタでは，ソースと基板には正電圧，ドレインにはグランドまたは負電圧を与える．ゲート端子に入力電圧を与えることは，nMOSと同じである．

ここで，ゲート電極，ゲート酸化膜，基板の関係に注目しよう．この部分は，図3.5に示すように一種のコンデンサの役目をもっている．ゲート酸化膜の二酸化シリコンは，電荷を蓄積する誘電材料に相当する．このことから，この部分をMOS容量ということがある．

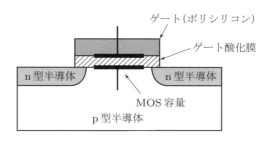

図3.5　MOS容量

MOSトランジスタのレイアウトパターン

図3.1のnMOSトランジスタを真上からながめてみよう．すると図3.6のように見える．見えているのはソースとドレインのn型半導体の部分と，ゲートのポリシリコン部分であり，ゲート酸化膜はポリシリコンの下に隠れている．

シリコン基板にトランジスタ回路を立体的に形成してゆくには，**マスク**という写真のネガフィルムに相当するものを用いる．マスクには図3.7に示すように，石英ガラス板の上に，薄い金属(クロム)の膜でトランジスタの形や配線の形が幾何学的な図形として描かれている．この図形のことをマスクパターンとよぶ．マスクパターンをシリコン基板の上に転写してLSIの回路が作られてゆく(詳細については4.2節に述べられているので，ここではこれ以上の説明は省略する)．

図3.1にあげたnMOSトランジスタを作るのに必要なマスクは，図3.8に示すソースとドレインに対応するマスク，ゲート電極として用いるポリシリコン部分に対応するマスクである(実際の製造工程ではもっと多くの種類のマスクを使用するが，ここでは説明の都合上，2種類に簡略化している)．

マスクのパターンを決定する設計工程のことを**レイアウト設計**という．図3.9は，nMOSトランジスタとpMOSトランジスタを接続してできる回路(3.2節で説明するCMOSインバータ)に必要なマスクパターンをひとつに重ね合わせた図である．この

図 3.6　nMOS トランジスタ（図 3.1）を真上から見た図

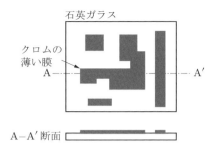

図 3.7　マスクパターン

図 3.8　いろいろなマスク

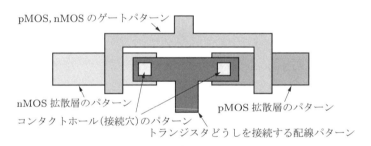

図 3.9　レイアウトパターンの例

ような図のことを**レイアウト図**（あるいはレイアウトパターン）という．レイアウト図は，レイアウト設計工程の目に見えるアウトプットである（5.4 節参照）．

MOS トランジスタの動作原理

nMOS トランジスタのゲートに与える電圧を変化させたとき，トランジスタはどのような動作をするかをみてみよう．まず，ゲート電圧がゼロのときは，**図 3.10**(a) のように，p 型シリコン基板と n 型シリコン（ソース，ドレイン）は逆バイアスされた pn 接合となっている．この状態はソースとドレインが絶縁された関係にあり，ソース–ドレイン間には電流が流れない．

つぎに，ゲートに正の電圧を印加してみる．このときゲート電圧がソースと基板に

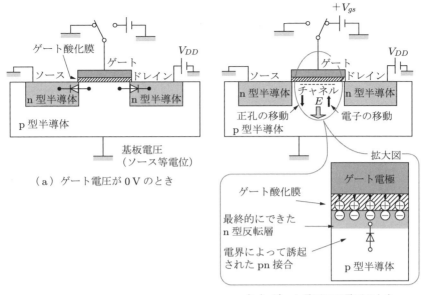

図 3.10　nMOS トランジスタのチャネル形成

対して正電圧になり，二酸化シリコンのゲート酸化膜に正の電荷が誘起される．これに対応して基板の表面近くにある正孔は追い払われ，電子がチャネルのほうに引き寄せられる．この状態を図 3.10(b) に示す．

　この結果，チャネル部分に集まった電子によってソース-ドレイン間に導電経路が形成される．このことはソース-ドレイン間に電流パスができ，電流が流れる状態になったことを意味している．

　以上の動作をまとめると，nMOS トランジスタは，ゲート電圧が正のときはソース-ドレイン間がオン，ゲート電圧がゼロのときはオフする一種のスイッチの機能を果たしていると解釈することができる．この考えは非常に重要である．

　ここまでくれば，pMOS の動作原理の理解もたやすくなる．nMOS ではゲートに正の電圧を与えることにより p 型の基板のチャネル部に電子が誘起されたが，pMOS ではゲートに負の電圧を与えることにより，n 型の基板表面に正孔が誘起され，導電経路が形成される．

　ここで，nMOS，pMOS いずれの場合も，基板と反対の導電形式をもつ表面層が形成されるという点に留意する必要がある．このように形成される表面層を，**反転層**とよぶ．反転層の導電型がソース，ドレインと同じであるため，反転層が形成されるとトランジスタは導通することになる．

　n 型の反転層でできたチャネルを n チャネル，p 型の反転層でできたチャネルを p

3.1　MOS トランジスタの構造と動作

チャネルという．このことから nMOS, pMOS は厳密にはそれぞれ「n チャネル MOS」,「p チャネル MOS」ということになる．

MOS トランジスタとバイポーラトランジスタの比較

バイポーラトランジスタにみられる pn 接合と，MOS トランジスタの pn 接合の生成メカニズムを対比させると，MOS トランジスタの特徴をより鮮明にとらえることができる．

バイポーラトランジスタの場合，pn 接合はすべてトランジスタの製造プロセス段階で作られている．一方，MOS トランジスタでは，ソース-基板間，ドレイン-基板間の pn 接合は製造プロセスで作られているが，反転層と基板の間の pn 接合は，ゲートに印加された電界 E によって生成される．

これが MOS トランジスタの大きな特徴である．はじめに述べた "FET" すなわち，field effect transistor（電界効果トランジスタ）の用語はこれに起因している．

MOS トランジスタの導通タイプ

MOS トランジスタが導通するしくみについて，もう少し詳しくみてみよう．MOS トランジスタのゲートに与えた電圧によって，トランジスタが導通したりしなかったりするということが，これまでの説明で理解できた．MOS トランジスタが導通するとソース-ドレイン間に電流が流れ，非導通のときには電流が流れない．これは見方を変えると，**図 3.11** のように，トランジスタをソースとドレインの間をオン／オフするスイッチ素子としてとらえ，この二つの状態を制御しているのがゲート端子である，と考えることができる．

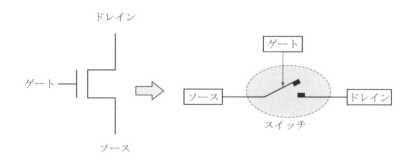

図 3.11　nMOS トランジスタのスイッチモデル

実際には，ゲート端子に与えた電圧が "一定の値" を超えたときにはじめて導通することになる．この "一定の値" の電圧のことを**しきい値電圧**という．しきい値電圧は MOS トランジスタが導通（オン）を開始する電圧のことであり，MOS トランジスタの

導通/非導通を制御する重要なパラメータである．しきい値電圧を一般にV_tと表す．

ここで，これまで用いてきた"ゲート端子に与えた電圧"を正確に表現しておく．これは，ソースに対するゲート電圧すなわち，ゲート-ソース間の電位差のことをさしている．以後，この電圧を"ゲート-ソース電圧"とよび，記号でV_{gs}と書くことにする．

しきい値電圧の値は，MOSトランジスタの作り方によって変えることができる．これによりV_{gs}とV_tの大小関係に応じてトランジスタが導通したりしなかったりする．たとえば，しきい値電圧が+1Vであるように作られたnMOSトランジスタでは，V_{gs}が0.5Vのときは導通しないが，V_{gs}が1.5Vになると導通する．このように，導通するためにV_{gs}が正であり，その値がV_tよりも大きいことが必要であるタイプのトランジスタを**エンハンスメント型**という．

また，しきい値電圧が-0.1Vであるように作られたnMOSトランジスタでは，V_{gs}が0Vのときでも導通する．V_{gs}が0V，あるいは負電圧の場合（すなわちゲート電圧とソース電圧が等しいか，ゲート電圧がソース電圧より低い場合）であっても，導通するタイプのトランジスタを**ディプリーション型**という．

同様のことがpMOSトランジスタにもあてはまる．エンハンスメント型pMOSではゲートとソースに負の電位差（ゲート-ソース電圧が負）が導通のために必要であり，ディプリーション型pMOSではゲート電圧がソース電圧に等しいとき，あるいは逆にゲート電圧のほうが高い場合でも導通する．

エンハンスメント型，ディプリーション型それぞれについて，ゲート-ソース電圧による導通の違いを理解するために，ある一定のドレイン-ソース電圧V_{ds}のもとでのゲート-ソース電圧(V_{gs})に対するドレイン電流(I_{ds})の変化を図に示す．**図3.12**はnMOSで(a)はエンハンスメント型，(b)はディプリーション型である．また，**図3.13**はpMOSの場合の図で，同様に(a)はエンハンスメント型，(b)はディプリーション型である．図でnMOS，pMOSのしきい値電圧の記号を，それぞれ，V_{tn}，V_{tp}

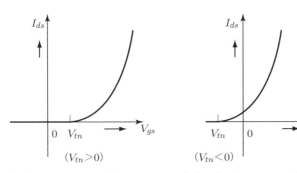

(a) エンハンスメント型nMOS　　(b) ディプリーション型nMOS

図3.12 nMOSトランジスタの導電特性（V_{ds}が一定の場合）

3.1　MOSトランジスタの構造と動作

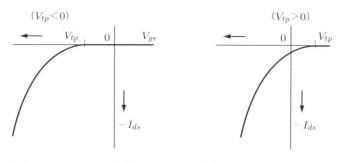

(a) エンハンスメント型 pMOS　　(b) ディプリーション型 pMOS

図 3.13　pMOS トランジスタの導電特性(V_{ds} が一定の場合)

で表している．

nMOS，pMOS どちらもキャリアはソースからドレインに移動する．nMOS の場合，電子の移動方向と電流の向きは反対になるから，ドレイン電流 I_{ds} はドレインからソースに向かって流れる．一方，pMOS では正孔の移動方向が電流の流れる方向であり，ドレイン電流は nMOS と逆にソースからドレインに向かって流れる．このことを区別するため，図 3.13 では縦軸を図 3.12 と反対方向にとり，電流が増加する方向を下向きとしている．

MOS トランジスタの電気的特性

nMOS エンハンスメント型トランジスタについてドレイン-ソース電圧を変えたとき，ドレイン電流がどのように変化するかみてみよう．ソースからみたゲート電圧 V_{gs} と，ソースからみたドレイン電圧 V_{ds} によって，ドレイン電流 I_{ds} が変化する．すなわち，I_{ds} は式(3.1)のように，V_{gs} と V_{ds} の関数である．

$$I_{ds} = f(V_{gs}, V_{ds}) \tag{3.1}$$

すでに述べたように，nMOS トランジスタを動作させるためには，ソースに低電位（通常，グランド電位），ドレインに高電位を与える．ゲートにこのトランジスタがオンするのに十分な電圧(V_{gs})を与えたとき，チャネルに誘起された電子はドレイン-ソース間の電圧にともなう電界の水平成分によって，チャネルをソース領域からドレイン領域に走行する．これがドレイン電流である．この状況をもう少し細かくみると，つぎのようになる．

これまでの説明では，$V_{gs}(\geq V_t)$の印加によって，チャネルに反転層ができ，その深さ，すなわち反転層内の電子の分布は図 3.14 のように一様であるかのように述べてきた．しかし実際には，ソース-ドレイン電圧による水平方向の電界と，ゲート-基板電圧による垂直方向の電界が作用しあい，反転層の深さは図 3.15 のようにソー

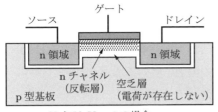

図3.14 nMOSトランジスタのチャネル形成

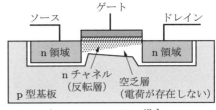

図3.15 nMOSトランジスタのチャネル形成（線形動作）

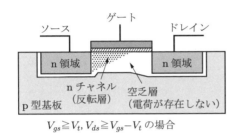

図3.16 nMOSトランジスタのチャネル形成（飽和動作）

スの近くは深く，ドレインに近づくにつれて浅くなる．これはチャネルのソース端ではゲート電圧全部がチャネルを反転させるのに作用するが，チャネルのドレイン端では，反転に寄与する電圧はゲート電圧とドレイン電圧の差しか有効とならない，という理由によるためである．

ドレイン電圧をさらに上げるとどうなるだろうか．このとき，反転層は**図3.16**のようにドレインの手前でとぎれるという現象が発生する．これは，チャネルがドレインに到達しない状態に陥ったことを表している．

上に述べた状況をもう一度，V_{gs}とV_tの大きさに応じて段階的に記すと以下のようになる．

❶ $V_{gs} < V_t$ のとき；
　このときはチャネルはまだ形成されず，nMOSトランジスタはオフである．

❷ $V_{gs} \geq V_t$, $V_{ds} = 0$ のとき；
　チャネルは形成されるが，$V_{ds} = 0$のためドレイン電流は流れない．

❸ $V_{gs} \geq V_t$, $V_{ds} < V_{gs} - V_t$ のとき；
　このとき，ドレイン電流が流れる．ここで，V_{gs}を上げると反転層は深くなり，ドレイン電流が増加する．$V_{ds} < V_{gs} - V_t$の関係を維持してV_{ds}をあげてゆくと，それに応じてドレイン電流I_{ds}は増加してゆく．この場合，ドレイン電流I_{ds}は，V_{ds}の2次関数で，

$$I_{ds} = \beta \cdot \left\{ (V_{gs} - V_t) \cdot V_{ds} - \frac{V_{ds}^2}{2} \right\} \tag{3.2}$$

となる．係数 β を利得係数という．また，$(V_{gs} - V_t)$ を実効ゲート電圧とよぶ．この状態ではトランジスタはオンし，V_{ds} の増加に応じて I_{ds} も増加してゆく．このようなトランジスタの動作領域を**線形領域**とよぶ．

❹ $V_{gs} \geq V_t$, $V_{ds} \geq V_{gs} - V_t$ のとき；

上式の $V_{ds} \geq V_{gs} - V_t$ を変形すると，$V_{ds} - V_{gs} \geq -V_t$ である．この式の左辺はゲートに対するドレイン電圧を意味しているから，ドレインに対するゲート電圧 V_{gd} で考えると，$V_{gd} \leq V_t$ となる．

ここで，反転層形成にかかわる V_{gs} と V_t の関係を思い起こすと，$V_{gd} < V_t$ という関係は，ドレイン端において反転層ができず，チャネルがとぎれるということを示している．これをチャネルのピンチオフ状態という．

では，チャネルがピンチオフ状態になるとドレイン電流はどのようになるのだろうか．この場合，正の大きなドレイン電圧による電子のドリフト作用によってトランジスタの導通は維持され，電流は流れ続ける．すなわち，電子はチャネルを抜け出るとドレイン空乏層（電荷が存在しない領域）に飛び込み，ドレイン電圧に引かれて加速される．

ドレイン電圧がドレイン飽和電圧を超えると，電子がゼロの表面エリアはソース側に広がり，ソース側に分布する電子にはつねにドレイン飽和電圧がかかることになる．このときチャネルにかかる電圧は $V_{gs} - V_t$ であり一定値のまま変化しない．このときのドレイン電流はゲート電圧によってのみ変わり，ドレイン電圧とは無関係に，

$$I_{ds} = \frac{\beta}{2} \cdot (V_{gs} - V_t)^2 \tag{3.3}$$

の一定値となる．このような状態のとき，トランジスタは**飽和領域**にあるという．

縦軸を I_{ds}，横軸を V_{ds} とし，V_{gs} を V_t より大きなある値に固定すると，式(3.2)は上に凸の放物線のグラフになる．式から明らかに，この放物線の最大値は $V_{ds} = V_{gs} - V_t$ のときに与えられ，そのときの縦軸の値はまさに式(3.3)である．この関係を**図3.17**に示す．ここで V_{gs} をパラメータとし，いくつかの V_{gs} について式(3.2)と式(3.3)を描くと**図3.18**が得られる．図3.18がnMOSトランジスタの直流特性を表す図である．

ここで式(3.2)，(3.3)の β の意味について考えよう．β を利得係数とよぶのは，この値によって電流の大きさが変化するからである．β は次式で与えられる．

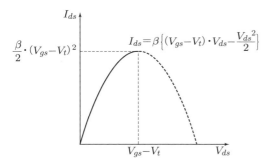
図 3.17　式(3.2)の放物線グラフ

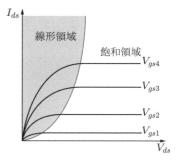
図 3.18　nMOS トランジスタの直流特性

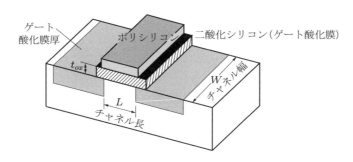
図 3.19　MOS トランジスタの諸寸法

$$\beta = \frac{\mu \varepsilon_{ox}}{t_{ox}} \cdot \frac{W}{L} \tag{3.4}$$

μ は，電子または正孔の表面移動度である．移動度とはチャネル内での電子，正孔の動きやすさを示す指標で，電子の場合 μ_n 正孔の場合 μ_p と表す．ε_{ox} はゲート酸化膜の誘電率，t_{ox} はゲート酸化膜の厚さである．L はチャネルの長さ，W はチャネルの幅である．これらを**図 3.19** に示す．

式(3.4)を構成する項目は，プロセスパラメータとデバイスパラメータに分けることができる．プロセスパラメータとはトランジスタの材料や製造工程で決まる項目であり，式中の μ, ε_{ox}, t_{ox} がそれに相当する．一方，L と W はデバイスパラメータに対応し，レイアウト設計時に決まるトランジスタの寸法に依存する．

移動度 μ を比べると，電子(μ_n)のほうが正孔(μ_p)より 3 倍程度大きい．このため，W/L の値が nMOS と pMOS で同じなら，同じ電圧において nMOS のほうが pMOS よりも電流値が大きくなり，それに応じてスイッチング速度も速くなる．nMOS と pMOS のスイッチング速度をそろえるには，デバイスパラメータを調整して pMOS トランジスタのチャネル幅を nMOS よりも大きくするというような設計上の考慮が必要になる．

3.2 CMOS トランジスタ

CMOS トランジスタの構造

　最初に述べたように，CMOS トランジスタは，nMOS トランジスタと pMOS トランジスタを相補的に組み合わせて構成されたトランジスタである．図 3.20 に CMOS トランジスタの構造を示す．図では，n 型基板上に pMOS トランジスタを作り，さらに n 型基板の一部に p 型領域を形成し，その中に nMOS トランジスタが作られている．そして，二つのトランジスタは金属(アルミニウム)の配線で接続されている．

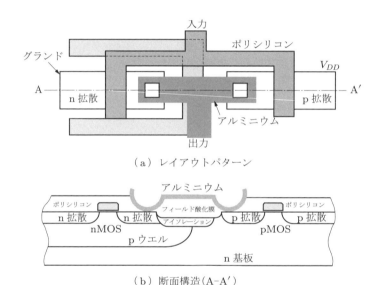

図 3.20　CMOS トランジスタのレイアウトパターンと断面構造

　n 型基板内に形成した p 型領域を，p ウエル(p-well)という．ここでの well は「井戸」を意味している．あたかも n 型基板上に作られた p 型半導体の井戸を表していると思えばよい．

　なお，ここでは n 型基板に p ウエルを作った場合を示したが，p 型基板に n ウエルを作る場合，さらに n ウエルと p ウエルの両方を作る(これをツインタブ，またはツインウエルとよぶ)場合など，いくつかの CMOS トランジスタ作成方法がある．また，nMOS，pMOS どちらもエンハンスメント型が用いられる．

CMOS トランジスタの動作

　CMOS トランジスタの動作を，基本回路である CMOS インバータを例にとって

考察しよう．インバータは否定回路ともいい，入力の論理値を反転して出力する回路である．CMOS インバータ回路を図 3.21 に示す．図で nMOS トランジスタ Q_1 の基板はグランド電位，pMOS トランジスタ Q_2 の基板は正の電源電圧 V_{DD} に接続されている．

図 3.22(a) に示すように，入力端子 A に論理値 "1" に相当する高レベルの電圧 (V_{DD}) を加えたとする．すると，nMOS トランジスタ Q_1 のゲート-ソース電圧 V_{gs1} は V_{DD} となり，しきい値電圧 V_t を超える．この結果，先に述べた nMOS オン条件より，Q_1 はオンになる．一方，pMOS 側の Q_2 では $V_{gs2} = 0\,[\mathrm{V}]$ であり，オフとなる．これにより出力端子 B からグランド側に電流が流れ，B の電位はグランド電位になる．すなわち，出力 B は論理値 "0" となる．

つぎに，図 3.22(b) に示すように，入力が論理値 "0" の低レベル（グランド電位）になると，Q_1 においては $V_{gs1} = 0\,[\mathrm{V}]$ となり，$V_{gs1} < V_t$ より Q_1 はオフになる．反対に，pMOS 側の Q_2 では $V_{gs2} = -V_{DD}$ であるためオンになる．これにより電源側から出力端子 B に電流が流れ，B の電位は V_{DD} に近い値となる．すなわち，出力 B は論理

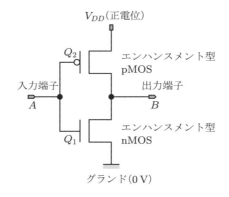

図 3.21　CMOS インバータ回路

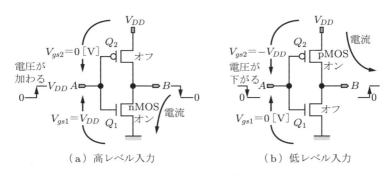

（a）高レベル入力　　　　　　（b）低レベル入力

図 3.22　CMOS インバータのオン・オフ動作

3.2　CMOS トランジスタ

値"1"となる.

図3.23は，nMOS，pMOSのオン・オフをスイッチとしてモデル化し，CMOSインバータの動作を示したものである．このように，CMOSインバータでは入力電圧の高→低，あるいは低→高の過渡状態を除けば，Q_1かQ_2のどちらか一方は必ずオフとなり，電源からグランドへ定常的に電流が流れることはない．これが，CMOSが"低消費電力"であることの基本的な理由である．

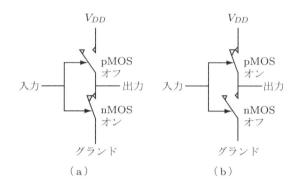

図3.23　CMOSインバータのスイッチモデル

ここで，バイポーラトランジスタとMOSトランジスタを比べてみよう．バイポーラトランジスタではベース電流によってコレクタ電流を制御していた．これに対し，MOSトランジスタではゲート-ソース間電圧によってドレイン電流を制御している．すなわち，MOSトランジスタは，ソースとドレインの間の導電チャネルの電流がゲートに印加された電圧によって変化する点に特徴がある．MOSトランジスタはバイポーラトランジスタに比べて，入力インピーダンスが高く，集積度が高いことや消費電力の少ないことなど集積回路化にとって有利な性質をもっている.

CMOSインバータのスイッチング特性

上に述べたCMOSインバータの動作をさらに詳しくみてゆこう．考察に先立って，図3.24を用いて，回路各部の電圧と電流の表記について整理しておく．nMOSのゲート電圧をV_{gsn}と表すことにする．この表記の意味はつぎのとおりである．添え字の"n"はnMOSを意味し，ゲート電圧は厳密にはソースに対するゲートの電圧であることから，ソースを基点としたゲート電圧ということで添え字"gs"を用いる．ドレイン電圧V_{dsn}についても同様の解釈とする．また，pMOSについても同様の表記を用いる.

以上の約束のもとで，ソース電圧を基点とした，nMOS，pMOSのゲート電圧，ドレイン電圧は，それぞれ次式で与えられる.

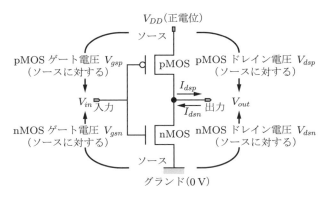

図 3.24　CMOS 回路の電圧，電流の表記

nMOS ゲート電圧；　　$V_{gsn} = V_{in}$

nMOS ドレイン電圧；　$V_{dsn} = V_{out}$

pMOS ゲート電圧；　　$V_{gsp} = V_{in} - V_{DD}$

pMOS ドレイン電圧；　$V_{dsp} = V_{out} - V_{DD}$

nMOS と pMOS のしきい値電圧をそれぞれ V_{tn}，V_{tp} で表す．V_{tn} は正電圧（たとえば +1 V），V_{tp} は負電圧（たとえば -1 V）である．nMOS，pMOS ともに，流れる電流をドレイン電流という．nMOS のキャリアは電子であるから nMOS のドレイン電流はドレイン（出力端子側）からソース（グランド端子側）に向かって流れる．これを I_{dsn} と表記する．一方，pMOS のキャリアは正孔であるから，pMOS のドレイン電流 I_{dsp} はソース（電源端子側）からドレイン（出力端子側）に向かって流れる．I_{dsn} と I_{dsp} とでは向きが逆になることに注意が必要である．

　以上の準備のもとで，入力電圧を 0 V から電源電圧 V_{DD} まで変化させたときの出力電圧の変化を追ってみる．横軸に入力電圧，縦軸に出力電圧をとって，変化の様子を示したのが図 3.25 である．変化の経過は [Ⅰ]，[Ⅱ]，[Ⅲ]，[Ⅳ]，[Ⅴ] の五つの領域に分けることができる．以下に，各領域における nMOS と pMOS の動作を考察する．

領域 Ⅰ

　ここでは，$0 < V_{in} < V_{tn}$ である．明らかに nMOS のゲート電圧はしきい値電圧よりも小さいので nMOS は導通していない．したがって，ドレイン電流は流れず，$I_{dsn} = 0$ である．一方，pMOS 側のゲート電圧 V_{gsp} は，$V_{gsp} = V_{in} - V_{DD}$ より負電圧であるから，pMOS は線形領域で動作し，導通状態にある．この結果，pMOS には電流が流れる．ここで，nMOS の電流値と pMOS の電流値は等しいので，$I_{dsn} = 0$ であることから，I_{dsp} も 0 となる．pMOS は導通していて $I_{dsp} = 0$ ということは，電源電圧と出力端子電圧の電位差がゼロのため電流が流れない，と理解すればよい．この領域での出力電圧は，$V_{out} = V_{DD}$ となる．

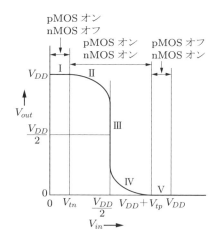

図 3.25 CMOS インバータのスイッチング特性

領域 II

入力電圧 V_{in} は，$V_{tn} \leq V_{in} < V_{DD}/2$ の関係にある．この段階で nMOS のゲート電圧はしきい値電圧を超えるため，導通状態になる．一方，pMOS のゲート電圧もまだ負電圧を保っているので，pMOS も導通状態にある．nMOS が導通することによって，nMOS には電流が流れはじめ，出力電圧は V_{DD} から低下を始める．

さて，nMOS のドレイン電圧 V_{dsn} は定義より V_{out} であり，いまの V_{out} は［領域 I］での V_{DD} に近い値であるから，この段階では十分大きなドレイン電圧がかかっている．このため，nMOS は飽和領域の動作となる．

一方，pMOS のドレイン電圧は $V_{dsp} = V_{out} - V_{DD}$ からわずかに負の値となるが，依然として線形領域のままで動作する．出力電圧の値は，pMOS の電流値と nMOS の電流値が等しくなる条件をもとに決まり，次式となる．

$$V_{out} = (V_{in} - V_{tp}) + \left\{ (V_{in} - V_{DD} - V_{tp})^2 - \frac{\beta_n}{\beta_p}(V_{in} - V_{tn})^2 \right\}^{1/2} \quad (3.5)$$

この状態では電源からグランドに向けて電流が流れる．

領域 III

入力電圧 V_{in} がさらに上がり，$V_{in} = V_{DD}/2$ の段階になると，［領域 II］よりもさらに出力電圧は下がり，nMOS は飽和のままで，pMOS が線形領域から飽和領域に入ってくる．nMOS と pMOS がともに飽和領域にあることから，nMOS と pMOS の電流値を式(3.2)で求め，電流利得を等しいと仮定して $|I_{dsn}| = |I_{dsp}|$ の式を解けば，$V_{in} = V_{DD}/2$ の関係が成立することが確認できる．

領域 IV

この領域での V_{in} は，$V_{DD}/2 \leq V_{in} \leq V_{DD} + V_{tp}$ の状態にある．ここでは，出力電圧

はさらに下がり，nMOS は線形領域に入る．pMOS は飽和領域で動作する．これは[領域Ⅱ]とちょうど逆の関係になっている．

pMOS の飽和電流は式(3.3)より，

$$I_{dsp} = \frac{\beta_p}{2}(V_{gsp} - V_{tp})^2$$

である．ここで，

$$V_{gsp} = V_{in} - V_{DD}, \qquad V_{dsp} = V_{out} - V_{DD}$$

であるから，これらを上の I_{dsp} に代入して，pMOS の電流値と nMOS の電流値が等しくなる条件をもとに出力電圧を求めると，式(3.6)が得られる．

$$V_{out} = (V_{in} - V_{tn}) - \left\{(V_{in} - V_{tn})^2 - \frac{\beta_p}{\beta_n}(V_{in} - V_{DD} - V_{tp})^2\right\}^{1/2} \tag{3.6}$$

領域Ⅴ

この領域では，$V_{DD} + V_{tp} \leq V_{in} \leq V_{DD}$ であり，nMOS は線形領域，pMOS は非導通状態になる．nMOS は線形動作領域にあり，その電流値は 0 である．すなわち，出力電圧とグランド電圧の電位差はゼロで，$V_{out} = 0\,[\text{V}]$ となる．

表 3.1 に，これまで説明した動作をまとめて示す．

表3.1 CMOS インバータのスイッチング特性

領域	条件	pMOS	nMOS	出力電圧 V_{out}
Ⅰ	$0 \leq V_{in} \leq V_{tn}$	線形	カットオフ	$V_{out} = V_{DD}$
Ⅱ	$V_{tn} \leq V_{in} < \frac{1}{2}V_{DD}$	線形	飽和	$V_{out} = (V_{in} - V_{tp})$ $+\left\{(V_{in} - V_{DD} - V_{tp})^2 - \frac{\beta_n}{\beta_p}(V_{in} - V_{tn})^2\right\}^{1/2}$
Ⅲ	$V_{in} = \frac{1}{2}V_{DD}$	飽和	飽和	$V_{out} \neq f(V_{in})$
Ⅳ	$\frac{1}{2}V_{DD} < V_{in} \leq V_{DD} + V_{tp}$	飽和	線形	$V_{out} = (V_{in} - V_{tn}) - \left\{(V_{in} - V_{tn})^2 - \frac{\beta_p}{\beta_n}(V_{in} - V_{DD} - V_{tp})^2\right\}^{1/2}$
Ⅴ	$V_{in} \geq V_{DD} + V_{tp}$	カットオフ	線形	$V_{out} = 0$

CMOS インバータの消費電力

CMOS インバータは入力電圧に応じて，nMOS，pMOS，どちらかのトランジスタがオフするため電力消費がきわめて少ないのが特長である．しかし，実際には，トランジスタのリーク電流(漏れ電流)のため，**スタティック電力消費**とよばれるわずか

な電力消費がある．スタティック消費電力は，電源電圧とリーク電流の積で求めることができる．CMOS のリーク電流は，0.1 ～ 0.5 nA 程度で，スタティック消費電力は数 nW 以下と，非常に小さい．

　CMOS インバータが実際に動作するときに消費する電力を**ダイナミック電力消費**という．**図 3.26** に示すように，CMOS インバータ回路に負荷容量 C_L が接続されている回路を考える．実際には C_L は，このインバータが接続する次段のゲートの入力端子や配線に付随する容量のことで，これらをまとめて負荷容量 C_L としている．

　インバータの出力論理値が"1"になるということは，負荷容量が pMOS を通して電源電圧 V_{DD} になるまで充電されることを意味する．また，出力論理値が"0"になるということは，負荷容量に充電された電荷が nMOS を通してグランドに放電されることである．

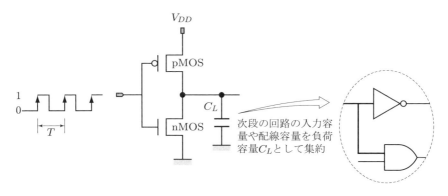

図 3.26　消費電力の計算モデル

　ダイナミック電力消費は，電源から負荷容量を充電するために電流が流れることで発生する．一方，充電された電荷をグランドに放電する際には，電力消費は起きない．

　以上のことを踏まえて，0 V と V_{DD} に変化する周波数 f（周期 T）の方形波が CMOS インバータに加えられた場合のダイナミック消費電力は，つぎのように定義される．

$$P_d = \frac{1}{T} \int_0^{T/2} V_{DD} \cdot I_{dsp}(t) \, dt \tag{3.7}$$

ここで，I_{dsp} は pMOS のドレイン電流である．また，積分の区間が 0 ～ $T/2$ になっているのは，回路に流れる電流のうち，入力が 0 V の半区間で電源から pMOS を通じて負荷容量を充電する電流が流れ，残りの半区間では充電された電荷をグランドに放電する電流が流れる．このうち，電力消費をともなうものは pMOS 経由の充電電流であり，残りの半区間の放電電流は消費電力に加える必要はないからである．

　ここで，**図 3.27** に示すコンデンサへの充電回路を考えよう．この回路でスイッチ

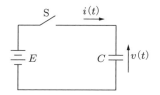

図 3.27 コンデンサへの電荷の充電

Sの接点を閉じるとコンデンサに充電電流が流れ込み，電荷が蓄えられてコンデンサの両端の電位が E に上昇してゆく．この現象は電気回路の過渡現象として広く知られている．いま，コンデンサの容量を C [F（ファラッド）]，電流を $i(t)$，コンデンサの両端の電圧を $v(t)$ とする．コンデンサに蓄えられる電荷の量 $Q(t)$ は

$$Q(t) = Cv(t) \tag{3.8}$$

であり，流れる電流 $i(t)$ はこの電荷の時間的変化であるから，

$$i(t) = \frac{dQ(t)}{dt} = C\frac{dv(t)}{dt} \tag{3.9}$$

である．図3.26でpMOSがオンして C_L に電流が流れ込むことは，ちょうど図3.27でスイッチSの接点を閉じてコンデンサに充電電流が流れ込むのと同じであるので，式(3.9)を式(3.7)に代入するとインバータがオンすることによるダイナミック消費電力を求めることができる．すなわち，以下となる．

$$\begin{aligned}P_d &= \frac{1}{T}\int_0^{T/2} V_{DD}\cdot I_{dsp}(t)\,dt = \frac{1}{T}\int_0^{T/2} V_{DD}\cdot C_L\frac{dv(t)}{dt}\,dt \\ &= \frac{C_L V_{DD}}{T}\int_0^{VDD} dv(t) = \frac{C_L V_{DD}^2}{T}\end{aligned} \tag{3.10}$$

周期 T と周波数 f には $f = 1/T$ の関係にあるから，式(3.10)は

$$P_d = C_L V_{DD}^2 f \tag{3.11}$$

となる．式(3.11)からつぎのことがいえる．
① ダイナミック消費電力は動作周波数に比例する．
② ダイナミック消費電力は電源電圧の2乗に比例する．
③ ダイナミック消費電力は負荷容量に比例する．

LSIの消費電力が少ないほど，電池が長持ちし，発熱も少なくてすむというようにメリットが大きい．低消費電力化は非常に重要である．

ここで，LSIの動作速度はクロック信号の周波数に依存することを思い起こそう．①からいえることはクロック信号の周波数が上がるほど消費電力は増加するということである．しかし，LSIの性能を高めるために，クロック信号の周波数を上げることは必要であり，避けることはできない．②はさらに重要なことを示している．それ

は，電源電圧の2乗に比例して電力消費が増加してゆくということである．近年，LSIの低電圧動作が重要な課題としてとりあげられているのはまさにこの点が関係しているのである．

3.3 MOS 論理回路

　MOSトランジスタを組み合わせて，さまざまな論理回路を構成することができる．すでに学んだCMOSインバータは，もっとも基本的な論理回路である．ブール代数によれば，「論理積」，「論理和」，「否定」の三つの論理演算を用いてあらゆる論理を実現することができる．インバータはそのうちの「否定」を実現する回路である．残りの「論理積」と「論理和」はANDゲートとORゲートで実現される．実際には，ANDゲート，ORゲートの出力の否定をとったNANDゲートとNORゲートが多く用いられる．

　MOS論理回路には，nMOSトランジスタとpMOSトランジスタのスイッチ機能を利用して信号の伝送を制御する伝送ゲートがある．さらに，これらのスイッチ機能を拡張することで，任意の論理関数をnMOSとpMOSで構成した複合ゲートを作ることができる．また，MOSトランジスタ特有の回路として，MOSトランジスタに付随する容量（キャパシタ）機能を活用したダイナミック論理回路や，記憶機能を実現するダイナミックメモリがある．

　NANDやNORなどの単一のゲート類，フリップフロップなどの記憶素子，および複合ゲートなどは論理設計の要素部品と考えることができる．これらの論理要素において，入出力端子の位置や電源端子の位置などを一定の規格に従って定義しておけば，その部品をいろいろなLSIの設計に共通に用いることができて便利である．このように，共通の部品として定義された論理要素をセルとよぶ．セルには，論理機能とともに，トランジスタ相互の接続を表すレイアウトデータが定義されている．セルはLSIのレイアウト設計の基本単位である．これについては5.4節で説明する．

基本ゲート

1 NANDゲート

　NANDゲートの論理機能は図3.28(a)にあるように，入力AとBがともに"1"のときのみ出力Cが"0"，それ以外の入力の組み合わせに対しては"1"となるものである．これは論理積$A \cdot B$の否定である．

　図3.28(b)にNANDゲートのCMOSトランジスタ回路を示す．この回路がNANDの動作をすることはつぎのように考えれば容易に理解できる．

　いま，A，Bの入力電圧をV_A，V_Bで表す．論理値"1"に対応する電圧を電源電圧

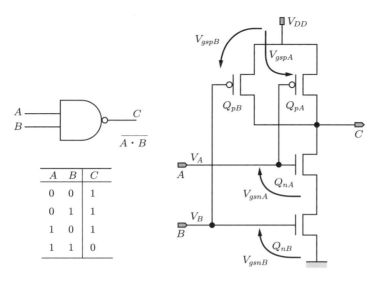

(a) 論理図と真理値表　　(b) CMOS 回路図

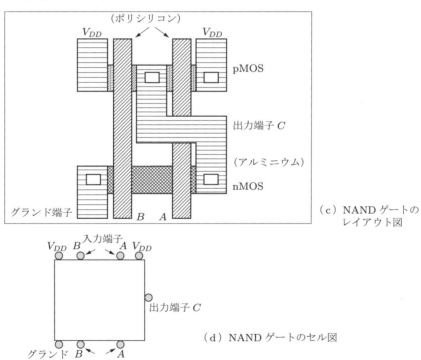

図 3.28　NAND ゲート

V_{DD}, 論理値"0"に対応する電圧を0Vとすると, A = "1", B = "1"のとき, V_A = V_{DD}, $V_B = V_{DD}$ である. このとき, Q_{nB} のゲート-ソース電圧は V_{DD} であるので Q_{nB} はオンになり, Q_{nA} のゲート-ソース電圧も V_{DD} であるので Q_{nA} もオンとなる. 一方, pMOS側では Q_{pA} と Q_{pB} のゲート-ソース電圧はどちらも0Vであり, オフである. この結果, 出力端子は二つの直列のnMOSを通してグランドと接続され, 電圧は0V, すなわち論理値"0"となる.

つぎに, A, B がともに"0", あるいはどちらか一方が"0"のときを考えてみる. このとき, nMOSの両方, あるいは少なくとも一方のゲート-ソース電圧は0Vであるので, 対応するnMOSはオフとなる. 二つのnMOSは直列につながれているため, 結果的に出力端子とグランドは切断された状態になる. 反対に, pMOS側では両方, あるいは少なくともどちらか一方のpMOSのゲート-ソース電圧は $-V_{DD}$ であり, そのpMOSはオンになる. ここで, 二つのpMOSは並列につながれているので, オンになったpMOSを通して出力端子は電源電圧 V_{DD} と接続した状態になる. この結果, 出力端子の論理値は"1"となる. 以上で, この回路は図3.28(a)の真理値表どおりの動作をしていることがわかる.

図3.28(c)はNANDゲートのレイアウト図である. レイアウト図を注意深くながめると, 図(b)のトランジスタ回路で書かれた各トランジスタの接続関係が, レイアウト図に正しく反映されていることが読み取れる. 図(d)はNANDゲートのセル図である. セル図では内部のレイアウトパターンは表示せず, 入出力端子, および, 電源(V_{DD})端子とグランド端子のみを表示している.

2 NORゲート

NORゲートの論理機能は, 図3.29(a)の真理値表に示すように, 入力 A と B がともに"0"のときのみ出力 C が"1", それ以外の入力の組み合わせに対しては"0"となるものである. これは論理和 $A + B$ の否定である. 2入力NORゲートは, 図3.29(b)のように, 2個のpMOSが直列に, 2個のnMOSが並列につながっている. つぎのように考えれば, この回路がNORの動作をすることが理解できる.

pMOS, nMOSそれぞれがオンする条件を思い起こそう. pMOSではゲートに加えられた電圧が0Vなら, ソース端子に対するゲート電圧は $-V_{DD}$ となり, オンになる. 反対に, nMOSではゲートに正電圧が加えられるとオンになる. いま, A = "0" ($V_A = 0$ [V]), B = "0" ($V_B = 0$ [V])とする. このとき nMOSの Q_{nA} のゲート-ソース電圧は0V, Q_{nB} についても0Vであるので Q_{nA} も Q_{nB} もオフとなる. すなわち, 出力 V_{out} はグランドと完全に切り離された状態になる. 一方, pMOSの Q_{pA} については, ゲート-ソース電圧は $-V_{DD}$ であるのでオンになり, Q_{pB} のゲート-ソース電圧も $-V_{DD}$ となって, やはりオンとなる. この結果, 出力端子は導通した二つの直列のpMOSを通して, 電源と接続された状態になり, 電圧 V_{DD} が現れる.

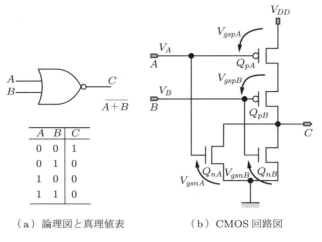

(a) 論理図と真理値表　　(b) CMOS 回路図

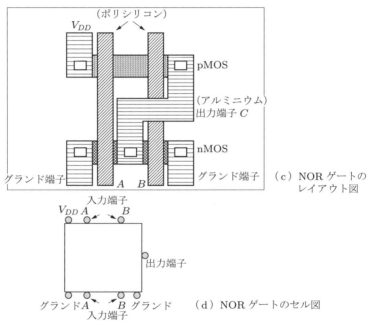

(c) NOR ゲートのレイアウト図

(d) NOR ゲートのセル図

図 3.29　NOR ゲート

すなわち，出力端子の論理値は"1"となる．

つぎに，$A =$ "0"，$B =$ "1" の場合には，Q_{nA} のゲート-ソース電圧は 0 V，Q_{nB} のゲート-ソース電圧は V_{DD} になる．したがって Q_{nA} はオフ，Q_{nB} はオンとなる．このとき，出力端子は Q_{nB} によってグランドと接続され，0 V すなわち論理値"0"となる．pMOS 側においては，$A =$ "0" のために，ゲート-ソース電圧は $-V_{DD}$ によって Q_{pA} がオンするが，Q_{pB} のゲート-ソース電圧が 0 V であるのでオフである．二つの

3.3 MOS 論理回路

pMOSは直列に接続されているので，この場合，電源と出力端子の間は切断された状態になっている．

同様に，$A = "1"$，$B = "0"$の場合，および，$A = "1"$，$B = "1"$の場合も出力端子は電源から切り離され，グランドと接続した状態になる．すなわち論理値"0"となる．以上4通りの入力と出力の関係は，図3.29(a)の真理値表のとおりになっていることがわかる．

図3.29(c)はNORゲートのレイアウト図である．NANDゲートの場合と同様，回路図(b)に示されたトランジスタの接続状態がレイアウト図に正しく表されていることが確認できる．(d)はNORゲートのセル図である．NANDのセル図と見比べると，電源(V_{DD})端子とグランド端子の並びが違っていることがわかる．

3 伝送ゲート

伝送ゲートは，トランスファゲート(transfer gate)ともよばれ，入力から出力へ信号を伝達する機能をもった回路である．図3.30(a)に伝送ゲートの論理記号を示す．図で，$G_1 = "1"$かつ$G_2 = "0"$のときに$B = A$となり，論理の伝送がなされる．この回路はnMOSとpMOSをペアで用い，ゲートに与える電圧によって信号を通過させたり，遮断したりする．nMOSとpMOSはそれぞれスイッチ素子として動作する．図3.30(b)にもっとも簡単な構造の伝送ゲート回路を示す．図3.30(c)はそのレイア

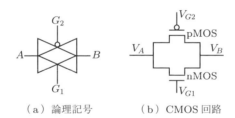

(a) 論理記号　　(b) CMOS回路

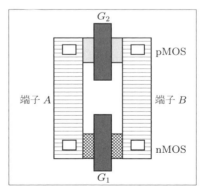

(c) 伝送ゲートのレイアウト図

図3.30　伝送ゲート

ウト図である．図からわかるとおり，この回路は対称構造をしているので，入力端と出力端を入れ替えることができる．すなわち，双方向性がある．

伝送回路の動作はつぎのように理解すればよい．いま，図3.30(b)で $V_{G1} = V_{DD}$ (G_1 = "1"に対応)，$V_{G2} = 0\,[\mathrm{V}]$ (G_2 = "0"に対応)としよう．そうすると，nMOS，pMOSのどちらのトランジスタもオンとなり，$V_B \fallingdotseq V_A$ となる．この結果，入力→出力(すなわち，$B = A$)という信号通過がなされたことになる．

ここで，V_A が V_{DD} に近づくと，nMOS側のゲート-ソース電圧は，ほぼ0V($V_{DD} - V_{DD}$)となるのでnMOSはオフになる．しかし，pMOSのゲート-ソース電圧は $-V_{DD}$ であるのでpMOS側はオン状態を維持している．このため，$V_B \fallingdotseq V_A$ が保たれ信号の伝達がなされることになる．

一方，制御電位を逆にして $V_{G1} = 0\,[\mathrm{V}]$ (G_1 = "0"に対応)，$V_{G2} = V_{DD}$ (G_2 = "1"に対応)とすると，どちらのトランジスタもオフとなり，V_A と V_B は電気的にほぼ絶縁された状態となる．以上より，制御電圧によって A と B の間で信号を伝達したり，遮断したりすることができることになる．

スタティック複合ゲート

NANDゲート，NORゲートはいずれも同じ数のpMOSとnMOSがあり，それらがペアになって動作している．このような回路を**相補型回路**という．

出力端子が"1"になるのは，pMOSの回路が導通して，電源から出力端子に向けて電流が流れる場合である．このとき，実際には**図3.31**に示すように，出力端子の回路に付随している容量(キャパシタ)に電荷の充電がなされていると考える．一方，出力端子が"0"になるのは，充電された電荷がnMOS回路を通ってグランドに向けて放電されると解釈する．このことから，pMOSの電源から出力端子へのパスを**充電パス**と，nMOSの出力端からグランドへのパスを**放電パス**とよぶ．

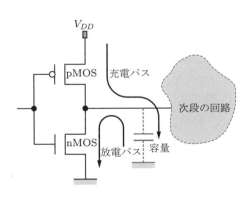

図3.31 充電パスと放電パス

相補型回路では，放電パスが形成されるときは，充電パスは形成されない．逆に，充電パスが形成されるときは，放電パスは形成されない．このように，充電パスと放電パスのどちらか一方がはたらいて論理値が決まるような回路を**スタティック回路**とよぶ．

スタティック回路では，各端子にはnMOSやpMOSで構成されるパスが接続され，つねに電源電圧に引き上げられるか，グランド電位に引き下げられるかのどちらかとなる．すなわち，CMOS相補型回路では電源からグランドに向かって直接電流が流れることはない．

この原理をもとに，複雑な論理関数であっても，相補的な充電パスと放電パスを組み合わせることによって，与えられた論理関数をCMOS複合ゲートとして組み立てることができる．いま，例として，入力をA, B, Cとし，出力をZとする

$$Z = (A + B) \cdot C$$

という論理式をとりあげ，これをスタティックCMOS回路で構成することを考えてみる．この論理式の意味は，

「AとBの両方，あるいは，どちらか一方が"1"で，かつCが"1"のとき，出力Zが"1"になる」

ということを表している．

上に述べたように，nMOSトランジスタは放電パスに組み込まれ，出力を"0"にするようにはたらく．いま，「$(A + B) \cdot C$」の回路をnMOSトランジスタで作ると，nMOS(A)とnMOS(B)を並列に接続し，これとnMOS(C)を直列につないだ，**図3.32**の回路ができる．図3.32でPを出力端子，Qをグランドとすると，A, Bの少なくともひとつが"1"で，かつCが"1"のとき，放電パスができてPは"0"になる．すなわち，$(A + B) \cdot C$が真のときPは"0"になる．そこで，Pをインバータの入力に接続すれば，インバータの出力は，$(A + B) \cdot C$が真のとき"1"を出力する．

つぎに，pMOSトランジスタのほうについて考える．pMOSトランジスタは充電パスに組み込まれる．あるpMOSトランジスタがオンになり，充電パスに寄与するには，その入力は"0"でなければならない．ここで，はじめに与えられた論理式の両辺の否定をとり，あらためてRとすると，ド・モルガンの定理より次式が得られる．

$$R = \overline{Z} = \overline{(A+B) \cdot C} = \overline{(A+B)} + \overline{C} = \overline{A} \cdot \overline{B} + \overline{C}$$

この式は，

「AとBがともに"0"，あるいはCが"0"のときに，Rが"1"になる」

という論理を表している．この論理をpMOSトランジスタで構成すると**図3.33**のように，pMOS(A)とpMOS(B)を直列に接続し，これとpMOS(C)を並列につないだ回路になる．図3.33でSを電源，Rを出力とすれば，AとBがともに"0"，あるいはCが"0"のときに充電パスが形成されて，Rが"1"になる．ここで，RとZは逆の

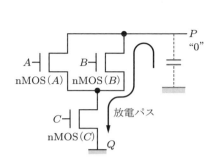
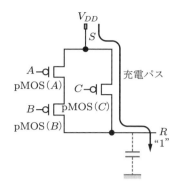

図 3.32 nMOS ブロックによる放電パスの構成

図 3.33 pMOS ブロックによる充電パスの構成

論理値になっているから，R をインバータにつなげば，A と B がともに "0"，あるいは C が "0" のとき Z が "0" になる回路ができる．

実は，

「A と B の両方，あるいは，どちらか一方が "1" で，かつ C が "1" のとき，出力 Z が "1" になる」

ということと，

「A と B がともに "0"，あるいは C が "0" のとき Z が "0" になる」

ということは同じ事象を，表現を変えていっているだけである．このような関係を一般に**双対の関係**という．ここでは，前者を nMOS 回路で，後者を pMOS 回路で実現している．

ここで，nMOS 側の端子 P と，pMOS 側の端子 R を接続し，インバータを共通にすれば図 3.34 の回路が得られる．これが $Z = (A + B) \cdot C$ のスタティック COMS 回路である．図 3.34 で，nMOS ブロックにある三つのトランジスタと，pMOS ブロックにある三つのトランジスタで同じ入力でみてゆくと，直列，並列の関係が逆になっていることに気づく．

表 3.2 に A，B，C の "0" と "1" の入力のすべての組み合わせに対する pMOS ブロックと nMOS ブロックの充電・放電パスの形成と，端子 P (端子 R) の論理値，そしてインバータの出力端子 Z の論理値を示す．この表から，図 3.34 の回路が与えられた論理式に対する正しい論理値を，すべての入力の組み合わせに対して出力していることが確認できる．複合ゲートの CMOS スタティック回路を構成するには以下の手順に従えばよい．

① 与えられた論理式から，nMOS ブロックで放電パスを構成する接続を作る．
② つぎに，この接続を直列・並列を反対にした接続を pMOS ブロックに作る．
③ 二つのブロックの出力を結合し，インバータに接続する．

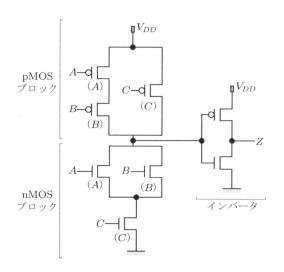

図 3.34　Z＝(A＋B)・C のスタティック CMOS 論理回路

表 3.2　Z＝(A＋B)C の真理値表と充電・放電パスの形成

A	B	C	Z	pMOS ブロック 充電パス	nMOS ブロック 放電パス
0	0	0	0	on	off
0	0	1	0	on	off
0	1	0	0	on	off
0	1	1	1	off	on
1	0	0	0	on	off
1	0	1	1	off	on
1	1	0	0	on	off
1	1	1	1	off	on

ダイナミック論理回路

　以上，スタティック論理回路のいくつかを説明したが，これ以外に，MOS トランジスタが電荷を蓄えたり，次段の回路に電荷を伝えたりすることができるという性質をうまく利用した**ダイナミック論理回路**が多く用いられている．

　図 3.35 にダイナミック論理回路の原理を示す．これは，すでに学んだように，エンハンスメント型の MOS が，ゲート電圧の正あるいは 0 V に応じて，ソースとドレイン間がオンになったりオフになったりするスイッチのはたらきをする，ということを利用するものである．

　この図で，クロック信号 ϕ が "0" のとき pMOS の Q_1 がオンし，電源から C に充電がなされる．そして，ϕ が "1" の期間に nMOS Q_2 がオンになり，$Z=A+B=1$ の

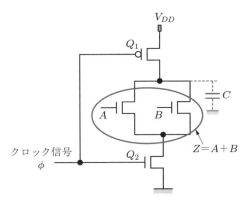
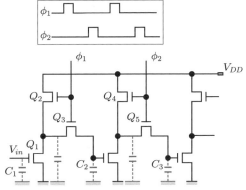

図 3.35 ダイナミック論理回路の原理　　図 3.36 ダイナミック回路を用いた 1 ビットシフトレジスタ

論理が成立していれば C の電荷が放電され，Z の否定値が出力される．

この原理を用いた 1 ビットのシフトレジスタを図 3.36 に示す．この回路には二つの位相が異なるクロック ϕ_1 と ϕ_2 が入っている．入力 V_{in} は Q_1 に接続されていて，その論理値は図に示した容量 C_1 の電荷として保持されている．クロック ϕ_1 が "1" になると Q_2 と Q_3 がオンになり，C_1 の電荷に対応した電位が反転して C_2 に現れる．次に，クロック ϕ_2 が "1" になると，Q_4 と Q_5 がオンになり C_2 の電位は反転して C_3 に現れる．これは，入力 V_{in} の 1 ビットの論理値が C_3 にシフトされたことに相当する．

ダイナミック論理回路はクロックが "1" のときだけしか電流が流れないためスタティック論理回路よりも消費電力が小さく，トランジスタ数も少なくてすむというという利点がある．一方で，回路の至るところにクロック信号を供給する必要があり，タイミングを十分に保証した回路設計が重要となる．

ラッチ回路とスタティックメモリ

図 3.37 に示すように，二つの CMOS インバータ A と B を，インバータ A の出力

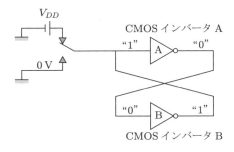

図 3.37 ラッチ回路

がインバータ B の入力に，インバータ B の出力がインバータ A の入力に接続している回路を考える．図をよく見ると，二つのインバータはループ状に接続されていることがわかる．

いま，A の入力端子の切り替えスイッチを上側に切り替え，論理値の"1"（電圧でVDD）を与えてみる．このとき，インバータ A の出力論理値は"0"になり，これがインバータ B の入力に入って，その出力の"1"が A の入力端子に戻るという動作を繰り返す．つぎに，スイッチを下側に切り替えグランド(0 V)電位を与えると，論理値は逆になるが，先ほどと同様の動作を繰り返す．

以上のことから，この回路はループ内で安定的に"1"あるいは"0"論理値を保持していることがわかる．すなわち，この回路は 1 ビットの情報記憶機能を実現していることになる．これは，ラッチあるいはフリップフロップとよばれる記憶回路の原型である．

これを多く規則正しく並べ，**図 3.38** のような構成にすることで，**スタティックメモリ（SRAM)** を実現することができる．図に示したワード線で特定のメモリセルを指定し，ビット線にメモリへのデータの書き込み情報を乗せる．また，読み出した情報もビット線に乗る．読み出した信号は非常に電圧値が小さいので，センスアンプという信号増幅回路で増幅してメモリからの出力データとする．

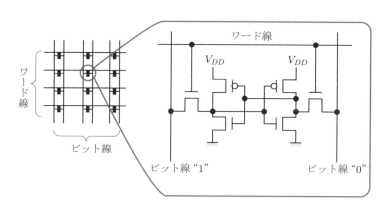

図 3.38　スタティックメモリ

ダイナミックメモリ

ダイナミックメモリは一般に DRAM といわれ，コンピュータの記憶素子としてもっとも広く用いられている．DRAM の記憶機能の基本は，MOS トランジスタに特有の容量（キャパシタ）に蓄えられた電荷を情報の記憶に利用するものである．電荷があるときは情報"1"が，電荷がないときは情報"0"が記憶されている．電荷を蓄え

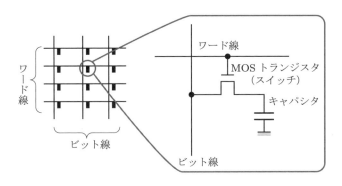

図 3.39　ダイナミックメモリ

る機能をもつ電子部品としてコンデンサがある．記憶容量が 1 メガビットの DRAM では，微小なコンデンサが LSI チップのなかに 100 万個入っていると思えばよい．

DRAM の 1 ビットに対応するメモリセルは，**図 3.39** に示すように，MOS トランジスタ 1 個とコンデンサ 1 個で構成されている．ワード線が "1" になることで MOS トランジスタのゲートが開き，ビット線の情報が "1" なら，コンデンサに電荷を充電する．ビット線の情報が "0" のとき，コンデンサの電荷は放電される．MOS トランジスタは記憶や読み出しのためのスイッチのはたらきをしていると考えればよい．

情報の読み出しで "1" が読み出された場合，コンデンサの電荷はビット線に乗り，ビット線の電圧が瞬間的に上昇する．"0" が読み出された場合にはコンデンサの電荷はないのでビット線の電圧は変化しない．このビット線に現れる電圧の変化を増幅して取り出すことによって，メモリからのデータ出力を得ることができる．

以上に説明したように，DRAM では読み出しによってメモリセルに蓄えられていた電荷は流出し，記憶内容は消滅してしまう．また，コンデンサの容量も非常に小さいため，時間とともに，わずかなリーク電流によって記憶内容が変化してしまう．そこで，DRAM では，一定時間ごとに記憶しているデータと同じデータを，繰り返し書き込むという動作が必要になる．この動作のことを**リフレッシュ動作**という．DRAM は，先の SRAM に比べて 1 ビットの記憶に必要なトランジスタ数が格段に少なくてすむという利点があるが，リフレッシュ回路が必要という点でメモリ制御回路が複雑になる．

第 3 章のまとめ

1. MOS トランジスタは電界効果型トランジスタともいい，ゲートという入力端子に与えた電圧によって電流の通り道にあたるチャネルが形成され電流が流れる．

2. MOSトランジスタには，nMOSトランジスタとpMOSトランジスタがある．
3. nMOSトランジスタのキャリアは電子，pMOSトランジスタのキャリアは正孔である．
4. MOSトランジスタの三つの端子を「ソース」，「ゲート」，「ドレイン」とよぶ．
5. nMOSトランジスタとpMOSトランジスタをひとつの基板上に形成したCMOSトランジスタがある．
6. MOSトランジスタが導通する条件を決めるのがしきい値電圧である．nMOSトランジスタのしきい値電圧は正であり，ゲートに与えた電圧がそれよりも大きいとき導通する．pMOSトランジスタのしきい値電圧は負であり，ゲートに与えた電圧がそれよりも小さいとき導通する．
7. MOSトランジスタの動作状態には，カットオフ(非導通)，線形，飽和の三つの動作状態がある．これらの状態は，ゲート電圧，ドレイン電圧の大きさによって変わる．
8. CMOSインバータはnMOSトランジスタとpMOSトランジスタを接続してできる．nMOSがオンのとき，pMOSはオフであり，反対に，nMOSがオフのとき，pMOSはオンである．このため，電源からグランドへ定常的に電流が流れることがなく，電力消費が少ないという特徴がある．
9. CMOS LSIのダイナミック消費電力は，動作周波数，電源電圧，負荷容量に依存して変わる．なかでも，電源電圧の2乗に比例するので低電力化は非常に重要である．
10. MOSトランジスタを用いて論理回路を構成することができる．MOS論理回路にはスタティック回路とダイナミック回路がある．
11. MOSトランジスタを用いてメモリを構成することができる．MOSメモリにはスタティックメモリとダイナミックメモリがある．

演習問題 3

3.1 エンハンスメント型MOSトランジスタについて，下の文章の(　　)に適切な語句を入れよ．

キャリアの種類は，nMOSは(　①　)，pMOSは(　②　)である．

nMOS，pMOSのしきい値電圧をそれぞれ，+1V，-1Vとし，各トランジスタが+5Vの電源に適正に接続されているとき，ゲートに加えられた電圧による導通(オン)/非導通(オフ)の状態をみると，

(1) ゲートに0Vが加えられたとき，nMOSは(　③　)，pMOSは(　④　)である．

(2) ゲートに+5Vが加えられたとき，nMOSは(　⑤　)，pMOSは(　⑥　)である．

3.2 下の文章の(　　)に適切な語句を入れよ．

図3.40はnMOSトランジスタのドレイン電流(I_{ds}) – ドレイン電圧(V_{ds})特性を表したものである．ゲート電圧V_{gs}についてV_{gs}が0Vと4Vのときの特性曲線が描かれてい

る．このうち上の特性曲線は(ロ)の部分と(ハ)
の部分に分かれている．

　図で(イ)ではドレイン電流がほとんど流れて
いない(実質的にはゼロとみなせる)．一方，
(ロ)ではドレイン電圧の増加とともにドレイン
電流も増加している．

これは nMOS トランジスタが導通しているこ
とを意味している．(ハ)では電流値はほぼ一定

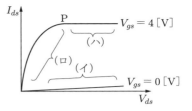

図3.40

である．nMOS ではゲートに印加した正電圧の大きさによって導通が始まるタイプと，
ゲート電圧が0Vのときでも導通しているタイプの二つがある．このうち前者を
（ ① ），後者を（ ② ）という．前者のタイプで，導通を開始する限界の正電圧(V_t)
を一般に（ ③ ）という．

　V_{ds} の変化に対して I_{ds} が(イ)の特性を示すとき，この nMOS トランジスタの動作は
（ ④ ）領域にあるといい，(ロ)の特性を示すときは（ ⑤ ）領域，(ハ)の特性を示すと
きは（ ⑥ ）領域にあるという．また(ロ)と(ハ)の接点(図の点P)の V_{ds} を（ ⑦ ）という．

　(イ)，(ロ)，(ハ)のそれぞれのドレイン電流とドレイン電圧，ゲート電圧 Vt の間に成
り立つ関係は下表のようになる．表の⑧〜⑮欄に適切な式を記入せよ．

	ドレイン電流 I_{ds}	条　件		
(イ)	⑧	⑨		
(ロ)	⑩	⑪		⑫
(ハ)	⑬	⑭		⑮

3.3 CMOS が低消費電力であることの理由を説明せよ．

3.4 5Vの電源に接続された CMOS インバータで，$V_{DD} = 5$ [V]，$V_{tn} = +1$ [V]，$V_{tp} = -1$ [V]，$\beta_n = \beta_p$ とすると，本文の式(3.5)，(3.6)の出力電圧 V_{out} はそれぞれ，

領域 II（式(3.5)）　　$V_{out} = V_{in} + 1 + \sqrt{15 - 6V_{in}}$

領域 IV（式(3.6)）　　$V_{out} = V_{in} - 1 - \sqrt{6V_{in} - 15}$

となることを示せ．

　つぎに，入力電圧(V_{in})を下表のように段階的に変えたとき対応する出力電圧 V_{out} を求
め，横軸を V_{in}，縦軸を V_{out} のグラフにプロットせよ．(V_{out} の計算は小数点第2位の桁
まで求めること)

V_{in} [V]	1.0	1.1	1.2	1.3	1.4	1.5	1.6	1.7	1.8	1.9	2.0	2.1	2.2	2.3	2.4	2.5
V_{out} [V]																
V_{in} [V]	2.5	2.6	2.7	2.8	2.9	3.0	3.1	3.2	3.3	3.4	3.5	3.6	3.7	3.8	3.9	4.0
V_{out} [V]																

3.5 CMOS インバータの出力の立ち上がり時間と立ち下がり時間を等しくすることがレイ
アウトパターンの調整によって実現できることを説明せよ．

3.6 3入力 NAND ゲートの CMOS 回路図とレイアウト図を示せ．

3.7 3入力 NOR ゲートの CMOS 回路図とレイアウト図を示せ．

3.8 図 3.41 の MOS 回路で各トランジスタに論理信号 A, B, $\overline{A}$(A の否定), $\overline{B}$(B の否定) を図のように与えたとき,端子 P が A と B の排他的論理和になることを説明せよ.

3.9 4 入力 A, B, C, D に対して $F = \overline{A(B+CD)}$ を出力する CMOS スタティック回路を作成せよ.

3.10 図 3.42 の回路がクロック信号 ϕ に同期して入力 A, B の NOR を C に出力することを説明せよ.

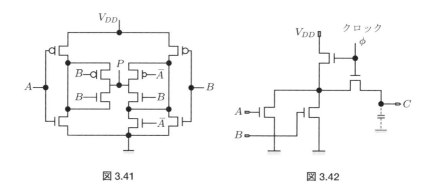

図 3.41　　　　　　　図 3.42

4 LSIの製造

　LSI技術の進歩を表す指標のひとつとして，**プロセステクノロジー**といわれるものがある．これは，LSI製造におけるトランジスタや配線の加工寸法を示すもので，寸法が微細になればなるほど，単位面積に集積できるトランジスタの数は増加し，より多くの論理機能や記憶機能をLSI上に実現することができる．

　図4.1は加工寸法の微細化の変化の様子と，インテル社のマイクロプロセッサに搭載されているトランジスタ数の推移を年代を追って示したものである．1977年頃に5ミクロン（ミクロン = μm = 10^{-6} m）だった寸法は，15年後の1992年には10分の1の0.5ミクロンになった．これは，髪の毛の100分の1の細さに相当する．2006

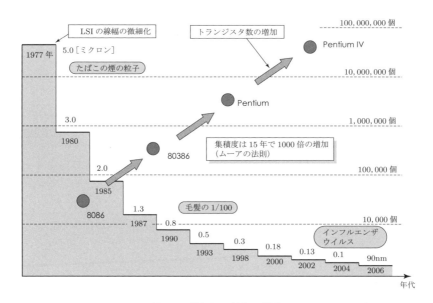

図4.1　微細加工技術の進歩

年には0.1ミクロンを切り，90 nm と，"ナノオーダー"に入った．さらにその後もほぼ2年単位で微細化が進み，2012年には22 nm のプロセステクノロジーを採用したマイクロプロセッサが発表され，現在は14 nm テクノロジーの採用が目前に来ている．微細化に応じて1980年に3万個だったトランジスタは2015年には1平方センチあたり30億個を超えるところまで達している．

このような飛躍的な集積度の増加は，製造技術（プロセス技術）の絶え間ない進歩と改良によってもたらされたものである．この章ではLSIがどのようにして製造されるのかを学んでゆく．

4.1 LSIのファブリケーション

クリーンルーム

LSIの製造のことをとくに**LSIファブリケーション**（fabrication）という．LSIのファブリケーションは，**クリーンルーム**という空気中のチリやホコリなどの浮遊微粒子が極端に少ない特別な部屋のなかで行われる．

とくに，ファブリケーションの工程のなかで，トランジスタを作成し配線をする前工程（詳細は4.2節）を進めるクリーンルームは，「クラス1」という清浄度が維持されている．クラス1とは，粒子径が0.5ミクロン以上の粒子が空気1立方フィート中に1個以下であることを示している．

クリーンルームの天井と床には多数のフィルターが取り付けられていて，空気中のホコリを取り除くようになっている．さらに，空気はつねに上から下へと流れており，ホコリが舞い上がらないような仕掛けになっている．クリーンルームのなかに，ウェハ工程を処理する装置が整然と並べられている．図4.2にクリーンルームの様子を示す．

シリコンインゴットとウェハ

LSIはシリコンの単結晶から作られる．図4.3に示すように，原料になるシリコンを高温の石英るつぼの中で溶融状態にし，この中に"種"となるシリコン単結晶をつり下げ，回転させながらゆっくりと引き上げてゆくと，単結晶は徐々に大きく成長し，非常に純度の高い単結晶の大きな棒状のかたまりになる．このかたまりを**シリコンインゴット**という．単結晶の純度は99.999999999%と，きわめて高い値になっている．

このシリコンインゴットを1 mm ほどの厚さの薄い板状に切り出し，表面を研磨したものを**ウェハ**という．図4.4にシリコンインゴットとウェハの写真を示す．ウェハに不純物を注入・拡散させてトランジスタを形成し，配線や絶縁のためのいろいろ

図 4.2 クリーンルーム（写真提供 ローム株式会社）

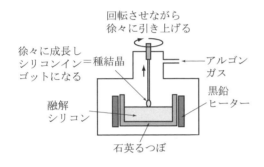

図 4.3 シリコンインゴットの製造

図 4.4 シリコンインゴットとウェハ

な物質を蒸着・堆積させて，LSI に仕上げてゆく．

通常，1 枚のウェハの上には同じチップが数百個近く並んでおり，最後にそれらがひとつずつ切り離され，パッケージに封入されて LSI になる．ウェハの大きさはどんどん大きくなり，現在では直径が約 30 cm の大きさになっている．

シリコンインゴットを作り，切り出し研磨してウェハにするまでの工程は専業のシリコンメーカーが担当する．LSI を製造するメーカーはこのウェハを購入し，論理設計の結果から得られたトランジスタ回路をその中に作り込んでゆく．

ファブリケーション工程の流れ

ファブリケーション工程は，**前工程**と**後工程**の二つに分かれる．前工程は，ウェハ上に LSI の回路を作るまでの工程をさす．前工程のことを**ウェハ工程**ということもある．後工程は，ウェハからひとつずつチップを切り出し，端子をつけパッケージに封入するまでの工程をさす．後工程のことを**組み立て工程**とよぶことがある．さらにこのあとに，製造された LSI に不良品がないかどうかをチェックする**検査工程**（テス

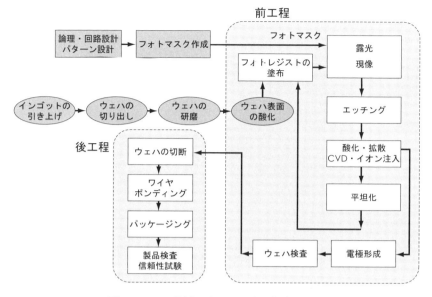

図 4.5　ファブリケーション工程の概略フロー

ト工程)が続く．検査工程を経て，良品と判定された LSI が製品として出荷される．図 4.5 に LSI ファブリケーション工程の概略の流れを示す．

4.2 前工程

　前工程は，LSI の動作のもとになるトランジスタ回路をウェハに作り込んでゆく工程である．このためには，ウェハ上にトランジスタを形成しそれらを金属の配線で接続し，絶縁が必要な部分には絶縁物を用いて電気的に分離しなければならない．これらの作業は，図 4.6 に示すように，酸化，拡散，イオン打ち込み，フォトリソグラフィ，CVD，スパッタリング，エッチングなどの細かな処理を何度も繰り返すことで実現される．以下では，これらの工程のなかから重要な処理をいくつかとりあげ，その概要を説明する．

酸化膜の形成

　前工程は，シリコン基板上に酸化シリコンの保護膜を作ることから始まる．それには，シリコンウェハを 1000〜1200 ℃の高温の酸化炉(拡散炉)に入れ，炉の中にある水蒸気を含んだ酸素と反応させて酸化を進める．これによって，シリコン表面に薄い二酸化シリコン(SiO_2)の被膜(シリコン酸化膜)ができる．この被膜は非常に安定しており，内部を保護するはたらきをもつ．

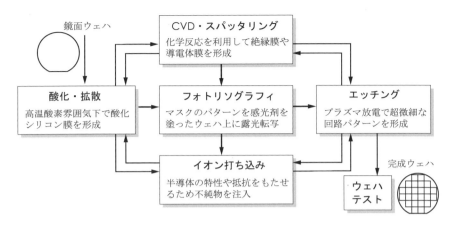

図 4.6　ウェハプロセス（前工程）での作業

フォトエッチング

　シリコン酸化膜は，下地となるシリコン単結晶を覆う保護膜としての役目をもっている．第 2 章で学んだとおり，トランジスタの原型となる n 型および p 型半導体はシリコンにリンやホウ素などの不純物を注入することで作られる．したがって，トランジスタの形成においては，不純物を注入する領域のシリコン酸化膜を除去し，シリコン単結晶の下地をむき出しにする必要がある．

　そこで，処理を施す対象の領域，すなわち回路の特定の場所をウェハ上で指定するために**リソグラフィ**という技術が用いられる．リソグラフィはもともと石版印刷という印刷技法につけられた呼び名であるが，ここでは，回路のパターンを，光を使ってウェハ上に写し取る処理をさす．このようなことからリソグラフィは「露光転写」ともいわれる．

　リソグラフィのあとには酸化膜を取り除く**エッチング**という処理が行われる．エッチングとは「食刻」を意味する言葉で，あたかも版画のように素材となる下地の板に模様を刻んでゆく作業を思い浮かべればよい．版画では彫刻刀を用いて模様を彫ってゆくが，LSI ファブリケーションでは彫刻刀に相当するものとして特殊なガスや化学薬品が用いられる．

　われわれが日常，カメラで撮影した風景や人物を印画紙に焼きつけ写真を作ることを思い起こそう．カメラのレンズを通った「光」はフィルムに像として残り，現像することによってネガフィルムができる．このネガフィルムを印画紙に重ね，上から光を当てると印画紙の上に撮影したのと同じ像が現れる．最後に，定着処理を施して印画紙にできた像を安定させる．フォトエッチングをこの一連の流れとの類推でとらえると理解がしやすくなる．

写真の印画紙に相当するものがウェハであり，その表面には**フォトレジスト**という特殊な材料が薄く塗られている．フォトレジストは感光性の樹脂で，光が当たった部分，すなわち露光した部分が固化するタイプのもの（ネガ型レジスト）と，反対に，露光した領域だけレジストの分子構造が崩れ，有機溶剤に溶けるタイプのもの（ポジ型レジスト）がある．写真のネガフィルムに相当するものが**レティクル**（フォトマスク）である．レティクルは石英ガラスの板で，その表面はクロムなどの金属の薄い膜でトランジスタや配線の幾何学的な"模様"，すなわち回路パターンが描かれている（図3.7）．この回路パターンは第3章で述べたマスクパターンのことである．レティクルの上から光を照射すると金属膜の部分だけ光が遮られ下に届かない．すなわち，回路パターンがレティクルの下に置かれた物体に投影されることになる．

以上に述べたフォトエッチングの工程を**図 4.7** を用いて段階的にみてゆこう．

1 リソグラフィ

レティクルから回路パターンを転写する工程がリソグラフィである．これは，不純物を注入する場所や薄膜を形成する場所，また，エッチングを行う場所を決めるための工程である．はじめに，表面が二酸化シリコンの薄い膜で覆われたウェハ（図 4.7(a)）の上にフォトレジストを塗布する（図 4.7(b)）．塗布したフォトレジスト上に回路パターンが描かれたレティクルを重ね，露光する（図 4.7(c)）．これを現像すると，現像液に溶けやすい部分は溶けてなくなり，回路パターンに応じた樹脂のパターンが残る．このとき，樹脂がなくなったところは二酸化シリコンの表面が出ている（図 4.7(d)）．露光後のレジストパターンが不純物注入や薄膜形成，エッチングに対するマスクとなっている．

2 エッチング

エッチング工程では，表面が露出した二酸化シリコンを加工して取り除く（図 4.7(e)）．エッチングには用いる材料によって，化学薬品を使用する**ウエットエッチング**と，ガスを使用する**ドライエッチング**がある．ドライエッチングのほうが，削る寸法を小さくできるなどの利点が多いため，最近ではドライエッチングが多く用いられている．

ドライエッチングにもいくつかの方法がある．この中で，**スパッタエッチング法**はアルゴンなどの不活性ガスをイオン化し，その物理エネルギーを利用する方法である．また，**プラズマエッチング法**ではプラズマ化した活性ガスの化学反応を利用する．

エッチングのあとに，不要となったフォトレジストはプラズマエッチングと同じ原理を用いた**プラズマアッシャ**（灰化装置）で除去される．こうして処理されたシリコン表面に必要とする不純物を注入すれば，不純物が注入された領域とそうでない領域の二つをウェハ内に作り込むことができる（図 4.7(f)）．

この工程を何回も繰り返し行うことで，さらに複雑なパターンを作ることができ

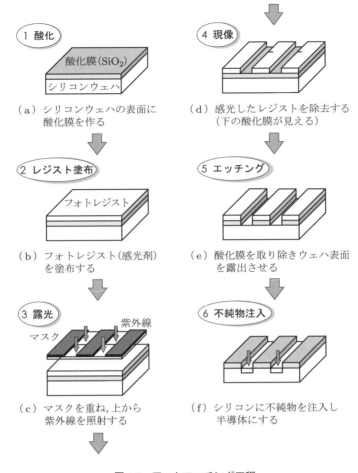

図 4.7 フォトエッチング工程

る．LSI の製造には不純物注入，薄膜形成，エッチングを繰り返すたびごとにマスク（露光工程）が必要になる．通常，1種類の LSI を完成させるには 10 〜 20 枚前後のマスクを使用する．

不純物注入

ウェハにリンやホウ素などの不純物を選択的に注入することによって，p 型，n 型の半導体領域が形成される．これを，不純物をドーピングするという．ドーピングの方法には，大きく分けると，拡散現象を利用する方法と，不純物原子をイオン化してシリコンに打ち込む方法の二つがある．

拡散現象を利用してドーピングすることを不純物拡散といい，これには熱拡散法（thermal diffusion）とよばれる方法がある．熱拡散法はフォトエッチングによってシ

リコン酸化膜の一部に"窓"があいたウェハを，拡散させるべき不純物が高温の蒸気となって存在する拡散炉に入れ，目的の領域に不純物をドーピングする．

　もうひとつの方法として，**イオン打ち込み法**(ion implantation)がある．この方法は不純物の濃度や深さを高精度にコントロールできるという利点がある．これは，不純物原子をイオン化し，高圧の電界中で加速しウェハ表面に打ち込んで p 型，n 型の領域を作る方法である．加速電界の強さでイオンのエネルギーを変えることにより，イオンが基板に入り込む深さを制御することができる．イオン打ち込み法は，高抵抗の作成や MOS トランジスタのしきい値電圧制御などに利用される．

CVD

　導電膜や絶縁膜をウェハ上に形成する方法として，CVD という技術が多く用いられる．CVD は chemical vapor deposition を略したもので，化学的気相成長法，あるいは化学的気相蒸着法と訳されている．CVD は，気体の状態での化学反応を利用して薄膜を形成する方法で，配線や電極として用いられる導電性のポリシリコン(多結晶シリコン)膜や，絶縁のためのシリコン酸化膜などがこの方法で作られる．

　CVD では作成したい薄膜の構成元素をもった気体をウェハ上に流し，ウェハ表面で化学反応を起こさせて薄膜を形成する．化学反応を起こさせるためには気体になんらかのエネルギーを与え，反応を促進させる必要がある．そこで，装置内を減圧し，加熱をしたり，プラズマ放電にさらしたり，光を照射するなどして化学反応をよりスムーズに起こさせる工夫がなされる．

スパッタリング

　スパッタリング(sputtering)は配線パターンの形成に用いる技術で，**真空蒸着**に類する薄膜製造の代表的な方法のひとつである．真空蒸着とは，真空にした容器(真空チャンバー)のなかで，蒸着材料を加熱し気化もしくは昇華させて，少し離れた位置に置かれた被蒸着物(蒸着されるもの)の表面に付着させ，冷却して薄膜を形成するというものである．

　スパッタリングでは，真空チャンバー内に，配線の材料となる金属ターゲットと，それに対向してウェハを置く．そこにアルゴンなどの不活性ガスを導入して直流高電圧を印加すると，真空放電によってアルゴンはイオン化し，強いエネルギーをもって金属ターゲットに衝突する．その結果，ターゲットから金属原子がはじき出されることになる．このはじき出された(スパッタされた)金属原子をウェハの表面に堆積させることによって，目的の金属の薄膜を形成させる．熱エネルギーによる蒸発で蒸着膜を形成するのと比べて，スパッタされた原子のエネルギーは大きく，密着性に優れた薄膜を作ることができる．

LSIファブリケーションでのスパッタリング処理のことを**メタライズ**という．

4.3 後工程

前工程で作られたウェハ上のチップはひとつずつ切り離されたあと，チップ内部とLSIの外部ピンを接続するためのワイヤボンディングを経て，パッケージに組み込まれ，LSIが完成する．この一連の工程が，後工程である．

ダイシング

1枚のウェハには，図4.8に示すようにいくつもの同じLSI回路が作られている．この状態から，チップを切り出すには，まず，超極薄ダイヤモンド砥石(ブレード)を高速回転させた**ダイシングソー**を用い，切断用に縦・横の溝を作る．溝ができた段階で表面に保護シートを貼り付け，ウェハの裏面を切断用溝の底辺まで研削する．このあと，LSI回路はウェハから分離切断される．この切断されたものをチップ(chip)あるいはダイ(die)とよぶ．

表面の保護シートを除去すれば個々のチップが取り出せる状態になる．この工程を**ペレタイズ工程**といい，チップを切断する作業を**ダイシング**(または，スクライビング)という．

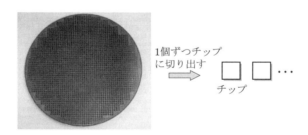

図4.8 完成したウェハからチップを切り出す

ボンディング

ペレタイズを終えたLSIチップは，パッケージの中に収められる．しかしパッケージする前にチップの表面にある電極とパッケージの外に出ているリード電極とを接続しなければならない．この作業を**ボンディング**という．ボンディングには金属線で電極をつなぐワイヤボンディング法と，線を使わないワイヤレスボンディング法がある．

ワイヤボンディング法は，チップ上の電極とパッケージのリード電極を金やアルミ

ニウムの細線でつなぐ方法である．金線を用いるときは 300℃程度の高温にして線を押しつけて接続する．アルミニウム線を用いるときは超音波を使って接続する．ワイヤレスボンディング法の代表的なものにフリップチップ方式がある．これはフェースダウンボンディングともいい，チップを裏返しにしてチップ上の電極とパッケージのリード線を，ハンダを使って直接接続する方式である．

パッケージング

LSI チップは，保護のためにセラミックやエポキシなどの高分子樹脂で封止され，最終的にケースに入れられて製品として完成する．最後のチップ実装工程をパッケージングという．パッケージには，さまざまな種類があり，用途やコストに応じて使い分けられる．

パッケージの種類を大きく分けると，プリント基板(あるいは，ソケット)に差し込む「挿入タイプ」と，プリント基板の表面に取り付ける「表面実装(面付け)タイプ」に分かれる．古くからある DIP(dual inline package)は挿入タイプの代表的なもので，図 4.9(a)に示すように，セラミックあるいはプラスチックの箱型パッケージの二つの側面からピンが足のように出ている．DIP は標準デジタル IC に広く使われている．

多数のピンが配置できる挿入タイプのパッケージとしては，PGA(pin grid array)がある．PGA の例を図 4.9(b)に示す．図からわかるとおり，生け花で用いる剣山に似て，パッケージの裏面にピンが格子状に規則的に配置されている．PGA は DIP に比べて多くのピンを配置できるため，マイクロプロセッサなど多くのピンが必要なパッケージに広く用いられている．通常，ピンには金メッキが施されており，信頼性が高いが，反面，製造コストも高い．PGA はソケットに差し込んで使えるので，取り替えが容易であるというメリットがある．

表面実装タイプの代表的なパッケージとしては図 4.9(c)に示す QFP(quad flat package)がある．パッケージの四つの側面からピンを延ばしたもので，ピンはチップから見て外側に折れ曲がっているところから，「カモメの羽(gull wing)」ともよばれる．ピン数は 240 ピンまでのものがよく使われる．図 4.9(d)に QFP をプリント基板に取り付けた状態を示す．また，ピンをアルファベットの"J"の字のように，パッケージの下側にもぐり込ませるように折り曲げたものもある．これは，QFJ(quad flat J-leaded package)とよばれている．図 4.9(e) は QFN(quad flat non-leaded package)とよばれるパッケージで，QFP や QFJ のようなリードピンがなく，パッケージの四つの側面に電極パッドをもっている．このため，実装の際の占有面積や高さを小さくできる利点がある．

近年，パッケージを小型にし，一方で，多くのピンをもたせたいという要求が高まってきている．これに応じるパッケージに，BGA(ball grid array)がある．BGA

（a）DIP（dual inline package）

（裏面）
（b）PGA（pin grid array）

（c）QFP（quad flat pakage）

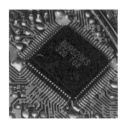
（d）QFP をプリント基板に実装したところ

（e）QFN（quad flat non-leaded package）

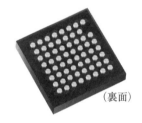
（裏面）
（f）BGA（ball grid array）

図 4.9　パッケージの種類（写真(a)，(c)，(e)，(f) ローム株式会社 提供）

は表面実装タイプに属し，PGA のピン部分を小さなボール状のハンダにしたもので，ハンダボールの電極（バンプともいう）がパッケージの底面に格子状に並んでいる．これを基板にハンダ付けする．BGA の例を図 4.9(f) に示す．300 ピンを超える多ピンのパッケージでは PGA にかわって BGA が多く用いられてきている．

第 4 章のまとめ

1. LSI は非常に純度の高いシリコンインゴットというシリコン単結晶のかたまりを薄い板状にスライスしたウェハとよばれるシリコン基板の上に作られる．
2. LSI はホコリがきわめて少ない清浄な環境を保ったクリーンルームという部屋で製造される．
3. LSI のファブリケーション工程は，前工程（ウェハ工程）と後工程（組み立て工程）

に大きく分かれる．

4. 前工程は，LSIの動作のもとになるトランジスタ回路をウェハに作り込んでゆく工程であり，「酸化」・「拡散」・「イオン打ち込み」・「フォトリソグラフィ」・「CVD」・「スパッタリング」などの細かな処理を何度も繰り返してゆく．

5. 後工程は，ウェハからひとつずつチップを切り出し，端子をつけパッケージに封入する工程である．

6. トランジスタの形成においては，不純物を注入する領域のシリコン酸化膜を除去し，シリコン単結晶の下地をむき出しにする必要がある．そのために「リソグラフィ」という技術が用いられる．

7. リソグラフィは回路のパターンを，光を使ってウェハ上に写し取る処理のことで，写真のネガフィルムに相当するフォトマスクという回路パターンが描かれた原板を用い，回路パターンをウェハに露光転写する．

8. 表面が露出した二酸化シリコンを加工して取り除く処理をエッチングという．エッチングには用いる材料によって，化学薬品を使用する「ウエットエッチング」と，ガスを使用する「ドライエッチング」がある．

9. 不純物を選択的に注入することによって，p型，n型の半導体領域が形成される．不純物注入の方法には，大きく分けると，拡散現象を利用する方法と，不純物原子をイオン化してシリコンに打ち込む方法の二つがある．

10. 導電膜や絶縁膜をウェハ上に形成する方法としてCVDという技術が多く用いられる．

11. 配線パターンの形成にはスパッタリング(sputtering)という，真空蒸着による薄膜製造技術が用いられる．

12. LSIパッケージの形にはデュアルインラインパッケージ，フラットパッケージ，ピングリッドアレイ，ボールグリッドアレイなどさまざまな方式があり，用途やコストに応じて使い分けられる．

演習問題4

4.1 LSIファブリケーションの前工程（ウェハ工程）で行われる作業をあげよ．

4.2 LSIファブリケーションの後工程（組み立て工程）で行われる作業をあげよ．

4.3 LSIにおいて，シリコン酸化膜はどのような役目をもっているか，簡単に説明せよ．

4.4 フォトエッチングにおいてレティクル（フォトマスク）はどのような役目を担っているか．

4.5 ウェハにp型，n型半導体を形成するときに用いられる製造技術をあげよ．

4.6 導電性ポリシリコンはMOSのゲート電極や配線に用いられるが，これを作成するのに用いる製造技術をあげよ．

4.7 メタル配線を作成するのに用いられる製造技術について説明せよ．

4.8 LSIパッケージの種類を三つ以上あげよ．

5 LSIの開発と設計

　集積回路が出現して今日に至るまで，LSIは電子機器を構成する中心的な部品の位置を占めてきた．ここでいう電子機器とは電子回路を中心とした装置のことであり，情報家電，コンピュータ，通信装置，携帯電話などさまざまなものがある．「電子機器」という言葉からはハードウェアのイメージが強くなるが，実際にはソフトウェアと一体になってこれらが動作する．このような観点から"電子機器"というよりはむしろ"電子システム"という言葉が適切である．このような電子システムの開発のなかで，LSIの設計はきわめて重要な位置を占めている．

　一般に，新製品を開発するには，**図 5.1** に示すように，**企画**，**設計**，**製造**，**テスト**のステップを進めてゆく．「企画」では，主に，製品のコンセプトや市場での位置づけ，価格，機能，性能など，製品の外部仕様を決める．

　「設計」は大きく分けると，システム設計，論理設計，物理設計の三つの工程からなる．システム設計では，企画段階で示された仕様をさらに細かく展開し，実際の設計に着手できるように，より具体的な内部仕様を固める．論理設計ではLSIの論理回路を考え，それが正しく動作するかどうかを検証することが主要な作業となる．

　物理設計では，論理設計によって具体的になった電子回路を，LSI製造に必要なマスクパターンに変換する．そのためには，電子回路の要素であるトランジスタ相互の接続データをもとに，トランジスタのLSIチップ上の位置座標と，トランジスタ間を接続する配線の経路座標を決める．この幾何学的なデータをもとにマスクパターンが作られる．その後，製造のステップに入り，マスクデータをもとにLSIが作られてゆく．LSIの製造については第4章に述べたとおりである．

　「テスト」は，作られたLSIに製造不良がないかを検査し，良品と不良品を選別する工程である．テストに合格したLSIが製品として出荷される．

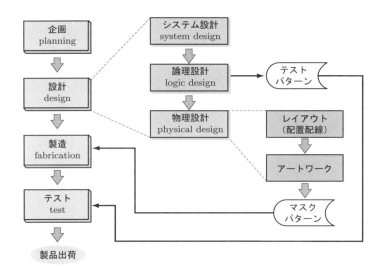

図 5.1　LSI の開発工程

5.1　LSI 開発のスタイルと LSI の実現方式

垂直統合型の開発スタイル

　1990 年代のはじめごろまでは，LSI の企画から製造までをひとつの会社で進める開発のスタイルが多くとられていた．すなわち，企画部門，設計部門，製造部門を社内にもち，一社内の閉じた体制でチップを開発するものである．そこでは，設計をコンピュータで行うデザインオートメーションシステム（DA システム，CAD システムともいう）も自社のなかで開発がなされていた．

　このようにすべてを一貫して独自に開発をするところから，このようなスタイルは「垂直統合型の開発」とよばれている．図 5.2 に垂直統合型の開発スタイルの例を示す．図に示すように，ひとつの開発プロジェクトのなかでは，LSI そのものの設計だけでなく，微細化に即した新しいプロセス技術（製造技術）の開発，そして，設計をサポートする DA システムなどのさまざまなソフトウェアシステムの開発が同時並行してなされる．

　この例は，完全に一社のなかで閉じて開発が進んでゆく典型的な姿であるが，これ以外に，多くの電子機器メーカーでは，製品の企画だけを自社で行い，LSI の設計・製造を上記のような会社に依頼するというスタイルも多く見受けられる．

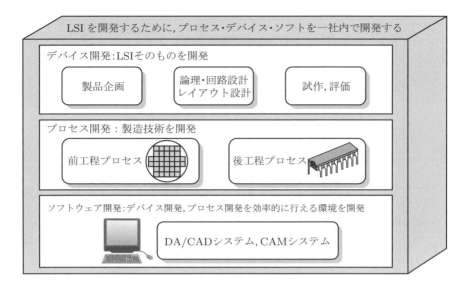

図 5.2　垂直統合型の開発

水平分業型の開発スタイル

1990後半になると「企画・設計」と「製造」を分離して，企画・設計までを自社で行い，LSIチップの製造は専門の別会社に依頼するという形態が多くみられるようになってきた．この背景には，

① スタンダードセル方式やゲートアレイ方式など，ASIC(application specific integrated circuit：特定用途向き集積回路)と総称されるLSIの実現方式が普及して，LSIの設計がやりやすくなったこと．
② 汎用的に使用できる論理の機能ブロックが"設計済みの部品(IP；intellectual property：知的設計財産)"として流通するようになり，これを購入して設計に組み込むことで，すべてを自前で設計しなくても効率よく設計を進めることができるようになったこと．
③ 設計ツールであるDAシステムが商品化され，手軽に設計できる環境が整備されてきたこと．

などがある．

このような開発スタイルは，先の「垂直統合型」に対応して「水平分業型」とよばれている．水平分業型の開発が進むにつれて，チップ製造を専門に請け負う会社も出現してきた．このようなチップ製造専業の会社は「シリコンファウンドリー」とよばれ，台湾の TSMC(Taiwan Semiconductor Manufacturing Company)など，いくつかの会社が知られている．

水平分業型の開発スタイルでは，LSIの設計者，シリコンファウンドリー，そしてCADシステムベンダー（CADシステムの開発元）の3者の間で，分業で進めるための情報のやりとりが必要になる．図5.3にこれらの関係と，やりとりされる情報を示す．このように，LSI開発において，設計，製造，そしてCADシステム開発のそれぞれに特化し，自己の守備範囲以外の部分については他に依存するという水平分業のビジネスモデルが定着し，今日に至っている．

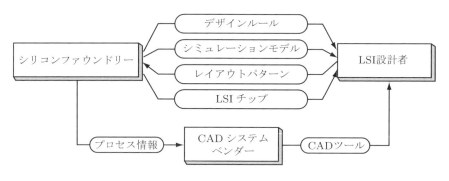

図5.3　水平分業型の開発

設計者完結型の開発スタイル

スタンダードセル方式やゲートアレイ方式でASICを設計した場合，設計の最終的なアウトプットは論理回路に対応したマスクパターンデータである．このマスクパターンデータをシリコンファウンドリーに渡してLSIの製造を依頼する．すなわち，LSIの開発過程で設計者とシリコンファウンドリーはつながった関係にある．これに対して，設計者がシリコンファウンドリーと関係をもたず，独立してLSIを開発するスタイルがある．それが**プログラマブルロジックデバイス**（Programmable Logic Device：PLD）を用いる方式である．

プログラマブルロジックデバイスとして，現在，多く用いられているのはFPGA（Field Programmable Gate Array）である．"Field Programmable"は，"設計者の手元で自由にプログラムできる（カスタマイズできる）"という意味であり，"Gate Array"は内部の構造に由来して名付けられている．FPGAの詳細については第6章で述べる．

FPGA方式では，"製品として完成したFPGA"を購入し，目的のLSIを実現する．ただ，完成したFPGAといっても，そのままでは動作しない．FPGAの中に論理設計のアウトプットであるゲート接続情報を書き込んで，はじめて設計者が意図した機能のLSIが完成する．ゲート接続情報を書き込むことを，"プログラムする"という．

このためのソフトウェアはFPGAベンダーから提供される．近年，ハードウェア記述言語が普及し，手軽にLSIの設計ができるようになってきた（ハードウェア記述言語については第6章で詳しく述べる）．さらに，ハードウェア記述言語で書かれた論理回路をゲートの接続情報に変換する論理合成システムや，FPGAをプログラムするためのソフトウェアが整備されてきている．設計者はこれらを用いて，設計した論理回路を短時間でFPGAに実装し目的のLSIとして完成させることができる．このようなLSIの開発スタイルはこれからも広がってゆくものと思われる．

LSIの種類と実現方式

LSIにはいろいろな種類がある．LSIをいくつかの観点で分類してみよう．まず，メモリーLSIと論理LSIに大きく分けることができる．メモリーにはDRAMやSRAM，フラッシュメモリーなど多くの種類があるが，本節ではメモリーLSIには立ち入らない．

論理LSIは「汎用LSI」と「専用LSI」に分けることができる．汎用LSIの代表は，マイクロプロセッサである．パーソナルコンピュータの中心になるLSIであることはいうまでもない．画像・映像処理，音声処理などに用いられるDSP（Digital Signal Processor：ディジタル信号処理チップ）も汎用LSIの範疇に入る．

専用LSIは電子装置や機器に組み込んで所定の機能を実現するために作られるLSIである．ゲーム機，ディジタルカメラ，テレビ，自動車などさまざまな電子装置や機器に組み込まれ，目的に応じたデータ処理や制御を行う．一般にLSIを設計し開発するというのは，この種のLSIを対象としている．ASICは「特定用途向き集積回路」の略称であるが，まさにこのようなLSIを指していると考えればよい．ASICの実現方式にはスタンダードセル方式とゲートアレイ方式の二つがあることはすでに述べた．以下に，それぞれの方式の概要と特徴を記す．

▶スタンダードセル方式

スタンダードセル方式では，セルとよぶ論理部品をチップに並べ，それらの間を配線してLSIに仕上げる．この作業のことをレイアウトという（レイアウトの詳細は5.4節で学ぶ）．セルは，ANDゲート，ORゲート，インバータ（NOT），フリップフロップなどの論理エレメントであり，これらは前もってセルライブラリという部品集に登録されている．各セルにはそのセルを構成するトランジスタのマスクパターンと，トランジスタ間の配線のマスクパターンが定義されている．スタンダードセル方式でLSIチップを製造する場合には，ウェハ上にトランジスタを形成する工程（第4章を参照）が必要となる．

▶ゲートアレイ方式

ゲートアレイ方式は前もってトランジスタが作り込まれたウェハを用い，これを

ベースにして LSI を作り上げてゆく．ライブラリに登録されたセルをレイアウトする点ではスタンダードセル方式と同じであるが，それぞれのセルは内部の配線パターンが定義されているだけである．ゲートアレイ方式の場合，トランジスタの形成に必要な工程は不要であり，配線工程を行うだけで LSI を完成することができる．

▶ それぞれの長所と短所

　スタンダードセル方式は，使用するセルだけでチップが構成されるため，ウェハに無駄が生じない．すなわちシリコンの利用率が高い．ゲートアレイ方式では，あらかじめシリコンファウンドリーで決められた数のトランジスタが搭載されたウェハを使用する．このため，設計した論理の規模が小さい場合，未使用のトランジスタが残り，むだが生じる．いいかえればシリコンの利用率が低くなり，チップコストが高くなる．

　製造期間の面では，標準セル方式は，トランジスタの形成工程がともなうため，期間が長くなるという短所がある．一方，ゲートアレイ方式は，トランジスタの形成を終えたシリコンウェハを用いるため，ウェハプロセスでは配線工程だけでよく，短期間で製造できるというメリットがある．製品開発においては，それぞれの長所・短所であるチップコストと開発期間のトレードオフを十分に検討して，どちらの実現方式をとるかを決めることが大切である．

5.2　システム設計

　LSI の微細加工技術の進歩によって，億単位のトランジスタを 1 個のチップに搭載できるようになってきた．この結果，これまで複数個のチップで構成していた論理回路全体を 1 個のチップに集積し，さらにメモリも同時に混載することによって，ソフトウェアをも内蔵した SoC(System on a Chip)が出現してきた．ひとつのシステムをひとつの LSI で実現するという意味で，このような LSI をシステム LSI ともよぶ．

　システム LSI の出現によって，LSI の設計は単なる論理回路レベルの設計にとどまらず，ソフトウェアを含めたシステムの設計という位置づけに変わってきた．この結果，開発工程のなかで，システムとしての LSI の総合的な動作を検証する「システムレベルの設計検証」が重要な課題となってきた．

　ここで，例として携帯電話機の設計をみてみよう．携帯電話機のハードウェア面の機能としてはまず，通話やメールの送受信にかかわる機能が重要であるが，これらの論理回路の設計はもちろんのこと，使用者が操作ボタンを押して入力した情報に対して，どのような動作をさせるかという動作仕様を決める必要がある．

　これらを，製品の消費電力や処理スピード，大きさ，重量，価格の制限などのさまざまな条件の下で最適になるように設計してゆかねばならない．ここでいうシステムの仕様設計は製品カタログに載っているような簡単なものではなく，通常の使用時に

は発生しないような異常処理を含めて，ありとあらゆる条件に対する動作を明確に記述しなければならない．そして，それらをハードウェアで処理するか，ソフトウェアで処理するかの機能分担を決める必要がある．

　一般に，システムの仕様を決めるのは**システム設計者**の仕事であり，それらの仕様を満たす LSI を開発するのが **LSI 設計者**の仕事である，といわれている．設計の初期の段階では仕事の分担はこのように単純に分かれることはなく，相互に入り組んでなされるが，仕様が詳細になってゆくに従って，ハードウェアの設計を主として受け持つグループと，ソフトウェアの設計を主とするグループに分かれて設計が進んでゆく．

　システム設計は上流工程に位置するものであるから，この段階で設計上の不具合が混入すると，下流の工程で不具合を見つけることは難しい．仮に不具合を見つけたとしても，設計変更など多くの手間がかかり，設計期間と開発コストの増大につながる．もしも，製品市場に出たあとでシステム仕様が不良であることが判明したとすれば信用問題にもなり，その損失は計り知れない．

　したがって，システム LSI の設計においては，システムに対する要求仕様を明確に定義した上で，ハードウェアとソフトウェアの機能分割を最適化し，その妥当性・正当性を十分に検証して下流の工程に引き渡すことが重要である．システムレベル設計の段階で実施する主な作業としては次の三つがある．

① 仕様設計と検証
② ハードウェアとソフトウェアの機能分割と性能の見積もり
③ ハードウェアとソフトウェアの協調検証

仕様設計

　仕様設計の結果は，仕様書というドキュメントにまとめられる．これまで，仕様書は手書きの文章や図をパソコンのドキュメント編集ソフトを用いて入力・編集し，電子ファイルとして保存するという形をとっていた．しかし，記述の様式がまちまちであったり，文章表現のあいまいさなどが原因となって，解釈の誤解やコミュニケーションの不足を生じ，そのため，設計が進んでしまってから設計をやり直すという不具合が生じることがしばしばあった．

　このような仕様レベルのミスをなくすために，最近では UML という特別な言語を用いて仕様を記述する方法がとられてきている．UML とは unified modeling language を略したもので，オブジェクト指向というソフトウェア開発のスタイルを基本に，対象物を表記するひとつの方法として考案された言語である．これを仕様の記述に応用することによって概念のあいまいさをなくし，多人数で設計を進めてゆく際に，同じ概念を共有することができるという利点がある．最近では，さらに UML で記述された内容を，設計の後工程に必要な情報に自動的に変換することも試みられている．

システムレベルの記述と検証

　システムレベルの設計記述には，これまでC言語やC++言語が多く用いられてきた．すなわち，システムの動作をこれらの言語で表し（これをモデリングという），コンピュータでこれらのプログラムを実行して動作を検証する方法がとられてきた．しかし，C言語やC++言語は，本来，汎用のソフトウェア開発のために考えられた言語であるため，ハードウェアの動作を表現するには適しておらず，システムレベルの設計言語としては限界があった．

　これに対して，近年，SystemCやSpecCといったC言語をベースにし，ハードウェアにも対応できるシステムレベル記述言語が考え出された．また，System Verilogという，HDL（ハードウェア記述言語）をシステムレベルにまで拡張した言語も登場している．これらの言語を用いてシステムの動作を記述し，シミュレーションを行って機能の検証や性能の評価を行う．

　さらに，つぎのステップでは，システム全体のなかで，ハードウェアで実現する部分とソフトウェアで実現する部分の機能分割を行い，その分割が性能やコスト面で適切かどうかを検討する．ハードウェアとソフトウェアに分割したあとは，それぞれの担当者（担当グループ）ごとにより詳細な設計を行う．

　この過程で，システム全体の設計が間違っていないかをチェックするために，ハードウェアとソフトウェアを連動させたハードウェア・ソフトウェア協調シミュレーションを定期的に実施する．これによって全体の動作の正当性を確認しながら設計を進めてゆく．

5.3 論理設計

　システムLSIは通常，ひとつのチップのなかに論理回路部，メモリ回路部，アナログ回路部などいくつかの回路ブロック（回路のかたまり）が集まり，それらがたがいに関連しあってLSIとして機能している．もちろんそれぞれのブロックを設計しなければ全体が完成しないが，ここでは，論理回路の部分の設計について述べてゆくこととする．

ゲートを用いた論理の表現

　論理設計といえばまず，ANDゲート，ORゲート，フリップフロップなどの論理要素どうしを接続した論理回路図を紙に書くことを思い浮かべる．しかし，これだけでは不完全である．論理情報はコンピュータの論理ファイルとして電子情報の形で保存し，加工できるようになっていなければならない．

そこで考えられる方法のひとつは，紙に書いた論理回路図のゲートの接続状態を一定の形式に従ってテキストで表現し，この情報をキーボードからコンピュータに入力する方法である．**図 5.4** にその例を示す．図で，INV，AND，XOR は論理ゲート固有の機能を表す記号であり，G1，G2，G3 は各ゲートを他と識別するためにつけた名前である．G2 と同じ AND ゲートが論理回路の別の箇所で用いられている場合，そのゲートは G2 とは異なる名前，たとえば G4 となる．

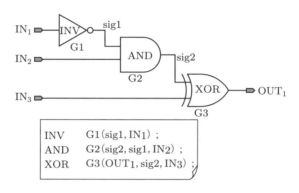

図 5.4 ゲート接続による論理記述の例

別の方法としては，キーボードとマウスを使ってグラフィックディスプレイ上に論理回路を描き，論理図として直接コンピュータにインプットする方法もある．このような機能をもったプログラムは一般に，**回路図エディタ**とよばれている．どちらの方法も，ゲートを単位とした論理の記述であることに変りはない．このような論理の記述を**ゲートレベル論理記述**，あるいは**構造記述**という．

論理式・真理値表を用いた論理の表現

さらに，論理の表現方法に，**図 5.5** に示すように，論理式や真理値表を用いる方法がある．この記述方法では，個々のゲートどうしの接続ですべての論理を表現するのでなく，いくつかの"箱"のつながりで信号の接続を表し，箱の中に，論理式や真理値表を書いて論理構造を記述する．この記述様式は，ゲートレベルの記述よりも記述量を減らすことができ，論理の構成が理解しやすく，論理のミスを見つけることも比較的容易になるという利点がある．図の READY や SEL(0) など箱の外に書かれた記号は，その箱に対する入出力信号の名称を表している．箱の中に書かれた EN や ZG_0 などは，この箱の中で実行される論理操作の変数の名前と思えばよい．たとえば，上の箱の中の 1 行目は，入力 READY 信号と DG_0 信号の否定の論理積をとったものが SEL(0) 信号として出力されることを表している．

5.3 論理設計

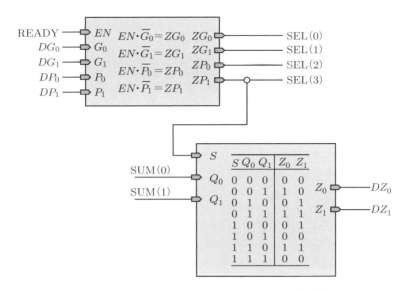

図 5.5　ブール式・真理値表を用いた論理記述の例

ハードウェア記述言語を用いた論理の表現

　近年，ゲートレベルや，論理式・真理値表よりさらに抽象度を高めて，"高級言語"で論理を記述する方法が多く用いられるようになってきている．この言語を**ハードウェア記述言語**(hardware description language：HDL)という．これは，ソフトウェア開発において，プログラムをコンピュータに依存した機械語あるいはアセンブラ語で書いていたのを，FORTRAN や C などの高級言語で書くことで，プログラム作成の効率を大きく改善するという考えに似ている．ハードウェア記述言語の代表として，**VHDL** とよばれる言語と **Verilog HDL** とよばれる言語があり，世界的な標準の論理記述言語として広く用いられている．

　ハードウェア記述言語を用いた論理設計では，論理情報をキーボードからテキスト形式でコンピュータにインプットし，論理ファイルを作成する．この点では図 5.4 に示した方法と同じである．しかし，入力する論理情報の抽象度を比べると，ハードウェア記述言語で表したほうがはるかに抽象度が高い．**図 5.6**(a)は 4 ビットの加算を行う論理回路(4 ビットアダー)を Verilog HDL で記述したものである．同じ機能をゲートレベルの回路図で表すと図 5.6(b)のようになる．これら二つを比べたとき，論理の記述量や理解の容易さなどにおいて図(a)のほうがはるかに優っていることが実感できるであろう．

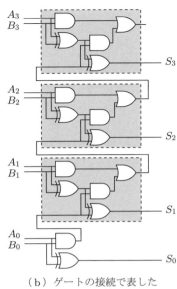

```
module adder4 (A, B, S);
input    [3:0] A, B;
output   [3:0] S;
assign      S = A+B;
endmodule
```

（a）Verilog HDL で記述した　　（b）ゲートの接続で表した
　　　4 ビット加算回路　　　　　　　　4 ビット加算回路

図 5.6　回路表現の比較

論理合成

　論理の表現方法には，(1)ゲートの接続を用いた表現，(2)論理式・真理値表を用いた表現，(3)ハードウェア記述言語を用いた表現の三つの形式があることを学んだ．図 5.7 にこれらの表現形式と LSI の構成の関係を示す．LSI を構成する基本単位はトランジスタであるが，実際には，論理部品としてライブラリに登録した「セル」をレイアウトして LSI を実現する．セルはレイアウトの単位であると同時に，ゲートレベルの論理エレメントでもある．論理回路を設計し LSI に実装するには(1)～(3)のいずれかの方法で論理を記述する．このとき，いずれの方法をとるにしても，最終的にはゲートのつながり（これをネットリストとよぶ）に展開し，セルに対応づける必要がある．真理値表で論理を表現した場合には，これを論理式に変換し，「論理関数の簡約化」を行ってゲートの接続をコンパクトにする．ハードウェア記述言語が論理を表現する上で優れていることは，先の説明で理解できた．しかし，これはあくまでも論理設計の効率や設計品質の向上を目的として考えられたものである．ハードウェア記述言語で書かれた論理は，最終的にゲートの接続にもってくる必要がある．
　ここにきて，**論理合成**という概念が生まれてくる．ソフトウェアの世界では，FORTRAN や C などのプログラミング言語で書かれたプログラムを，コンピュータが実行できる命令語に変換するソフトウェアのことをコンパイラという．論理設計においてコンパイラに相当するものが**論理合成プログラム**である．論理合成プログラムは，

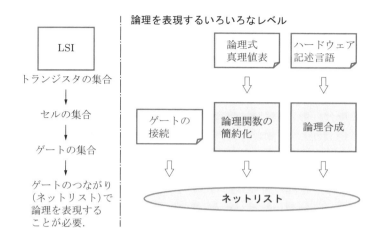

図 5.7　論理回路の表現方法

ハードウェア記述言語で書かれた論理情報を，ゲートレベルの論理に自動変換する．

そして，ゲートに変換したあと，各ゲート，あるいは複数のゲートの集まり（複合ゲート）を，どのセルに対応させるかという，セル割り当て（セルマッピングともいう）処理を行う．**図** 5.8 に論理合成処理の概要を示す．

論理合成プログラムは，設計している LSI の特徴をよくとらえたゲート論理を作り出す必要がある．たとえば，LSI のチップ面積を小さくすることを優先的に考えて論理を生成する場合や，多少のゲート数の増加を許しても論理動作のスピードを上げるほうを重視してゲートを生成する，というようにユーザーが指示したパラメータに応じてゲート生成ができる機能が実用的な観点から必要とされる．

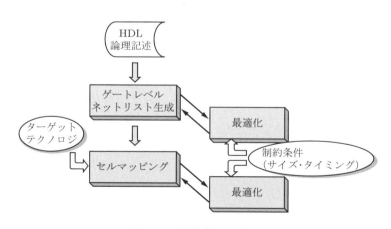

図 5.8　論理合成処理の概要

論理検証

　LSIのような複雑なシステムを設計する際にもっとも重要なことは，設計された論理が意図したとおりの動作をするかどうか，また，どのような入力に対してもシステムが正常に機能し，異常事態に陥ることはないかを確認することである．もしも論理設計の誤りを残したままLSIを作れば，その誤りはシステムを実際に動作させて見つかることになる．このような場合，LSIの作り直しが必要になり，開発期間の長期化とコストの増大をまねく．

　そこで論理の正しさを検証することが重要になる．論理を検証する手段としては論理シミュレーションが用いられる．本来，シミュレーションとは，"模擬する (simulate)" ことを意味する言葉である．あるものを模擬するとは，対象とするものを別の手段で実現することである．いまの場合，対象とするものとは完成したLSIそのものであり，別の手段で実現するとは，設計中のLSIの論理ファイルをコンピュータのプログラムが読み取って，LSIの動作を再現することである．このプログラムを論理シミュレータという．

　論理シミュレータは，論理ファイルに入っている論理情報を用いてコンピュータ上で論理動作をトレースし，誤りがないかどうかをチェックする．論理シミュレーションでは，ハードウェア記述言語で書かれた論理ファイルを用いてシミュレーションを行う場合と，論理合成結果の論理ファイルを用いてシミュレーションを行う場合の2通りのケースがある．ハードウェア記述言語で書かれた論理をシミュレーションする場合，記述の抽象度が上がるに従って，実際のハードウェアからのへだたりが大きくなることに注意する必要がある．この場合，信号がゲートを伝わってゆく時間（遅延時間という）についての情報はない．実際の回路では，ゲートがオン・オフするのにわずかであるが時間がかかる．また，フリップフロップに情報がセットされ，それが確定するまでにも時間が必要である．したがって，ハードウェア記述言語で書かれた論理のシミュレーションでは，"遅延時間ゼロという条件のもとでの論理的な振る舞いを検証している" という認識をしっかりともっておくことが重要である．

　論理合成された結果の論理ファイルでは，セルの割り当てがなされている．また，セルの特性情報はセルライブラリというファイルに登録されている．したがって，このライブラリからセルの動作時間情報を取り込むことで，より現実のLSIの動作に近い論理シミュレーションが可能になる．

　さらに詳細にタイミングを考慮しようとすると，信号が配線を伝わってゆく際の遅れ時間まで考える必要がある．この遅れ時間は配線の長さによって変化する．しかし，配線は設計のもっとあとの工程でなされるので，論理設計の段階では配線の長さは不明である．このような，配線の長さまで考慮した時間要素を取り入れてLSIの

動作の検証を行うには論理シミュレーションに加えて，**ディレイチェック**という別の手段が必要になる．

ディレイチェック

多くの LSI の論理回路は，クロック信号に同期して動作する．すなわち，クロック信号にタイミングをあわせて，フリップフロップからつぎのフリップフロップまで情報を送ることを繰り返して動作する．図 5.9 に示すように，あるフリップフロップの出力信号は，いくつかのゲートからなる組み合わせ回路を通り，最後に "1" か "0" かの信号として，つぎのフリップフロップの入力端子に到達する．フリップフロップからつぎのフリップフロップまでの経路を**パス**という．そして，パスを信号が伝わる時間を**パスディレイ**とよぶ．図 5.9 からもわかるように，二つのフリップフロップの間には複数のパスが存在する．この中で，パスディレイのもっとも長いパスで動作時間が決定されることになる．

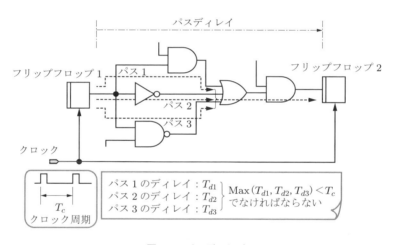

図 5.9　パスディレイ

ここで図 5.9 の回路についてクロック信号とパスディレイの関係をみてみよう．図ではフリップフロップ 1 からフリップフロップ 2 に至るパスは 3 通りある．三つのパスそれぞれを経由するときのパスディレイを，T_{d1}, T_{d2}, T_{d3} とする．クロック信号は，一定の時間間隔 T_c でフリップフロップ 1，フリップフロップ 2 に供給されている．したがって，ある時刻 $(t = T_0)$ にフリップフロップ 1 にセットされた情報を 1 クロック後にフリップフロップ 2 に取り込むためには，その信号は $t = T_0 + T_c$ までにフリップフロップ 2 の入力端子に到達している必要がある．

ここで，フリップフロップ 1 の出力信号がどのパスを通ってフリップフロップ 2 に達するかは，途中にある組み合わせ回路のゲートのオン・オフ条件によって変わ

る．このため，いかなる場合でも1クロック後に情報を正しくフリップフロップ2に取り込むためには，T_{d1}，T_{d2}，T_{d3}の中のもっとも大きな値(最大パスディレイ値)はクロック周期T_cよりも小さくなければならない．いいかえれば，フリップフロップ1から出た信号が，途中の複数個のゲートを経由して次のフリップフロップ2まで伝搬するとき，到達先のフリップフロップに供給されるクロック信号の立ち上がりより遅れて到達すると，その情報は正しく取り込まれない，ということになる．

このようにパスディレイが大きくて，規定どおりのクロック信号のタイミングでフリップフロップ間での情報の送出と取り込みができないことをディレイ不良(あるいはタイミング不良)という．

信号が伝搬する速さは，伝送路である配線の抵抗や，他の配線との間に生じるキャパシタンス(容量)に影響される．したがって，正確なディレイ値を得るためにはこれらによる遅れ時間を考慮しなければならない．ディレイ不良があると，いくら論理的に正しく設計されていても実際の回路は設計者が意図したとおりには動作しない．

もしディレイに関する不良が装置の製造後に発見されるとLSIの作り直しが必要になる．したがって，設計した論理回路が目標のディレイ時間で動作するか否かを設計段階で検証しておくことが非常に重要になってくる．とくに，動作スピードの速いLSIを設計する場合にはディレイチェックは非常に重要である．

5.4 レイアウト設計

部屋のなかにいろいろな家具を置くとき，"部屋のレイアウトを考える"という．レイアウトは，何かを並べること，あるいは一定の面積をもつ領域のなかを"地割り"することを意味する言葉である．部屋に家具を配置するとき，われわれは限られた広さの部屋にできるだけ無駄なスペースを生じないように，また，日常生活が便利になるようにレイアウトを考える．図5.10の(a)と(b)を見比べたとき(b)のほうがよいレイアウトであることは明らかである．

 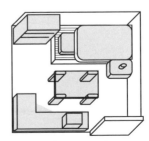

(a) 悪い配置　　　　　　(b) よい配置

図5.10　家具のレイアウト

LSIの設計でも同じことがいえる．LSIのレイアウトでは"部屋"に相当するものはチップであり，"家具"に相当するものはセルである．セルは前にも述べたように，トランジスタをいくつか接続してできた論理要素であり，AND，OR，NOTなどの基本的な論理動作を行う部品である．LSIの設計では，このようなセルがレイアウトの単位になる．

いいレイアウトができれば，チップ面積は小さくなりコストの低減につながる．また，それによって配線の長さが短くなり，信号が伝わる時間が短縮され性能が向上する．

以上からわかるように，LSIの**レイアウト設計**では，LSIの論理動作の担い手であるすべてのセルについて，チップ上での最適な位置を決めること，および，セルどうしを接続するための接続経路を決めることが中心的な作業になる．この作業をセルの**配置・配線**(placement and routing)という．

レイアウト設計を**フィジカルデザイン**(physical design)ということがある．これを日本語で書くと「物理設計」になる．設計工程から見れば上流に論理設計があり，その後にレイアウト設計がある．設計が進むに従って，論理(logic)という"概念的あるいは抽象的な情報"は，だんだんとLSIチップという実体のある"物理的(physical)な情報"へと変化してゆく．このように考えれば，レイアウト設計のことをフィジカルデザインというのも容易に理解できる．

フロアプラン

フロアは"床"を意味する言葉である．ここでのフロアはLSIのチップをさす．先に，LSIのレイアウトは電子部品であるセルをチップに最適に配置することであると述べた．これは間違いではないが，実際の設計を考えたとき，チップに搭載するセルの数は数十万〜数百万個に達する．このような膨大な数のセルそれぞれの最適な位置を決定することは困難であり，非現実的である．

この問題の対処法として，一般に，階層型のレイアウト設計法がとられる．**階層レイアウト設計**では，チップの構成要素に上位レベルから下位レベルに至る包含関係をもたせ，それぞれのレベル，すなわち各階層内での設計を積み重ねながら全体のチップレイアウトを実現する．

図5.11に，レイアウト設計でよく用いられる階層の構造を示す．ここでのレイアウトの最下層の階層はセルである．セルを数千〜数万個集めて**ブロック**を作る．チップはブロックを寄せ集めたものと定義する．こうすることによってブロックの数は多くても100個程度にでき，チップ上でのブロックの配置が実現可能になる．

ブロックの内部でセルの最適配置を行うことで，ブロックの大きさと形が決まる．これらのブロックをチップ上に配置することで，最終的にセルのチップ上の位置が確定する．このことから，**フロアプラン**はチップ上でのブロックの配置決定問題とみな

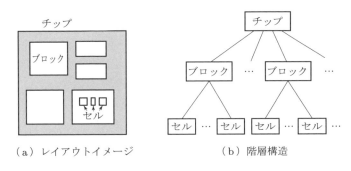

図 5.11　階層設計

すことができる．

　しかし，フロアプランをもっと広くとらえて，すでに大きさや形が確定したブロックだけを扱うのではなく，大きさや形は未確定であるが，"チップのこのあたりにこれくらいの大きさのブロックを置こう"というような，大まかなレベルでチップの"地割り"を行うこともフロアプランの重要な仕事である．フロアプランではレイアウト設計の進行状況に応じて，そこで扱う情報がより詳細になってゆく．さらに，ブロックにはセルで構成されるもの以外に，メモリや，多数のトランジスタを集めて作られたマクロセルなどのブロックもある．また，論理回路以外にもアナログ回路でできたブロックもある．これらのブロックをチップのどの場所に配置するのがいいかを，レイアウト設計の進捗に応じて決定してゆく作業がフロアプランである．

　設計者がフロアプランを進めてゆく際，チップの地割りやブロックの配置方針を検討するためにさまざまな情報が必要である．そこで，コンピュータが，ブロックどうしの論理的接続の強さや，ブロック間の配線の混み具合など，設計者の判断に役立つ情報を提示したり，ある配置の案に対してチップサイズや信号の遅延時間などの評価を行ってその結果を表示するというように，設計者とコンピュータが対話しながら効率よくフロアプランを進めてゆくことができる**対話型フロアプランシステム**が作られている．**図 5.12** にその例を示す．

セル配置の評価指標

　チップの面積(チップサイズ)をできる限り小さくすることは，LSI のコストや，製造歩留まりをよくすることにつながる．したがって，レイアウト設計において面積の最小化は重要な指標となる．

　チップの面積は個々のセルの面積の総和と，配線に必要なスペースをあわせたものである．このうち論理設計の結果によって使用するセルの種類は決まるため，セルの面積はもはや変えようがない．したがって，配線のスペースを小さくすることが課題

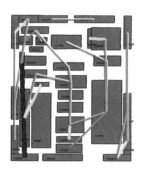
（a）ブロック相互の結合の強さを色で表示している

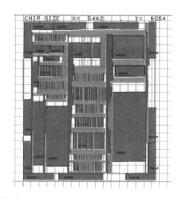
（b）ブロック間の配線経路の混雑状況を表示している

図 5.12　対話型フロアプランの画面表示例

となる．配線のスペースと配線の長さには相関がある．このことから配置の良さを評価する評価基準には，一般に配線の長さの総和を用いる．

さて，配置処理を行っている段階においては，個々のセルを接続する配線経路は決まっていない．したがって，正確な配線の長さを知ることはできない．このため，**仮想配線長**という考えが用いられる．仮想配線長とは，配線経路を一定の形状にモデル化し，すべての配線がそれに従った形状でなされるものとして長さを算定するものである．

図 5.13 に，多く用いられる仮想配線モデルの例を示す．図 5.13 では，セル A，B，C，D がひとつの同じ信号で接続されている．この場合，図のように四つのセルが配置されたときの仮想配線長は，つぎのようにして計算する．まず，セルの中央に端子を仮定する．つぎに，それらの端子が作る外接矩形を求め(この例では，外接矩形はセル A，B，D で形成される)，その半周長をもって仮想配線長とする．

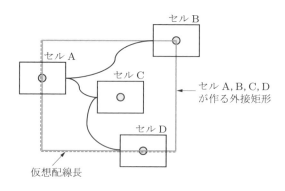

図 5.13　仮想配線長計算モデル

配置の処理手順

セルの配置をコンピュータのプログラムで実行するには，図5.14のような二つのステップをとる．まず最初に，なんらかの方法でチップ，あるいはブロックの配置領域内にセルを配置する．これを**初期配置**とよぶ．この状態では，まだ最終的な配置結果とは考えない．

つぎに，配置の良さを評価するための評価基準（目的関数）を設定し，評価がよくなるようにセルの位置を変更してゆく．このステップを**反復配置改善**とよぶ．そして，すべてのセルに対して位置を変更してもそれ以上評価値がよくならない段階に達したら反復処理を打ち切る．この段階で得られた配置状態をもって，最終的な配置結果とする．

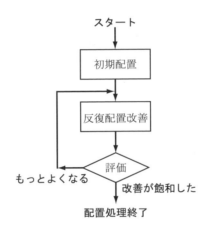

図5.14 配置の処理手順

初期配置処理

初期配置の方法にはこれまでさまざまなものが考えられているが，その中で代表的なものに，**ミニカット配置**とよばれる手法がある．図5.15において，ある領域に配置するセル全体の接続関係が与えられたときに，セル集合に仮想的な切断線（カットライン）を入れ，二つの部分集合を作る．このときカットラインを境としてそれぞれの部分集合内部では結線数が多く，カットラインをまたぐ結線数が少なくなるようにセルを交換する．

この手続きを実行するものとして，「Kernighan-Lin（カーニハン・リン）アルゴリズム」とよばれる手法がよく知られている．1回目の分割によって，領域のセル全体が論理的結合の強い二つのグループに二分されたことになる．得られた二つのグルー

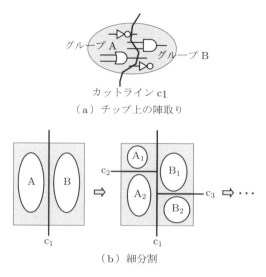

図 5.15　ミニカット配置

プを領域の二つの部分領域にマッピングさせる．この結果，グループでチップ上の陣取りがなされる．

つぎに，同様なカットラインをそれぞれの部分集合に入れる．これによって，先の関係を反映しつつより小さなグループに細分割し，領域の陣取りが 1 段階細かなレベルに進む．この処理を繰り返すことによって最終的にセルの配置位置が決まる．

配置改善処理

配置改善処理では，初期配置状態をスタート点とし，目的関数の値をさらによくするように，セルの位置を変更してゆく．目的関数には，一般に，図 5.13 に示した仮想配線長を用いる．さらに，注目するいくつかのパスのディレイ評価値なども目的関数に使用されることもある．セルの位置を変更してもいままで以上に目的関数の値が改善されなくなった時点で反復処理を打ち切る．この様子を図 5.16 に示す．セルの位置を変更する代表的な手法として，**ペア交換法**とよばれるものがある．これは，図 5.17 に示すように，任意の二つのセルどうしで位置を入れ替えてみて，総配線長が短縮されたら，その入れ替えを採用する，という処理を繰り返す．

配置改善のプロセスで注意する点は，図 5.16 にあるように，局所解に達したところで反復改善が終了することである．もっといい解が先にあっても，このままではそこに到達できない．

そこで局所解を回避するための方法がいくつか考案されている．シミュレーティッドアニーリング法はそのひとつで，解空間のなかのある点から目的関数の値がよくな

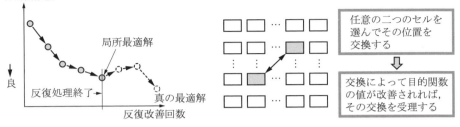

図 5.16　反復配置改善　　　　　　　　図 5.17　ペア交換配置

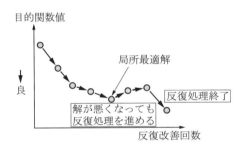

図 5.18　シミュレーティッドアニーリング法による局所解からの脱出

るほうに向かってひたすら進んでゆく方法（山登り法などとよばれる）を，**図 5.18** のように，評価値が悪くなる方向にも進めるように変更し，局所解からの脱出を可能にしたものである．また，これ以外にも，**遺伝的アルゴリズム**という手法を応用した配置改善処理法も提案されている．

配　線

配線は，レイアウト設計のなかで配置工程のあとに行われる．セルの位置を決めたあと，各セルの端子どうしを論理接続情報に基づいて接続することであり，接続経路の物理的な位置情報を決定することである．

経路を決める方法としていくつかのアルゴリズムがある．コンピュータのプログラムによって経路を決めることを，「自動配線」（automatic routing）という．これに対して，コンピュータを用いないで人手によって配線を行うことを「人手配線」（manual routing）という．デザインオートメーション技術が現在ほど進んでいなかった時期にはもっぱら人手による配線が行われていた．それには，タブレット（**図 5.19**）やディジタイザとよばれる座標入力装置を用い，配線経路に沿って経路の始点，折れ曲がり点，終点の座標を逐一入力するという作業を繰り返してゆく．さらに，操作性を改善するために，グラフィックディスプレイ装置を使って対話的に経路を入力する方法も

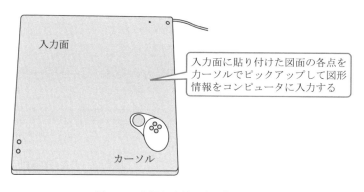

図 5.19　座標入力装置（タブレット）

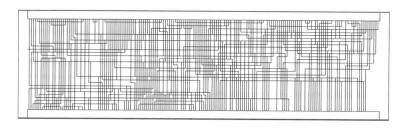

図 5.20　チャネル割り当て法による自動配線結果の例

利用されていた．しかし，LSIの規模が増大し，膨大な量の配線を人手で入力することは非現実的となり，いまでは自動配線が不可欠となっている．

　現実には，自動配線の性能や処理時間の点から，すべての配線経路を自動で決定できない場合もある．この場合，なんらかの手段によって配線できなかった部分を補完する必要がある．また，自動配線で決めた経路がディレイの面で不都合を引き起こすことから，配線経路を変更する必要が生じる場合もある．このような追加配線や，配線結果の変更などにグラフィックディスプレイ装置を用いた対話的な人手配線が，補助的に用いられる．

　自動配線の代表的なアルゴリズムには，**迷路法**，**チャネル割り当て法**，**線分探索法**などが古くから用いられている．図 5.20 はチャネル割り当て法を用いて自動配線した結果の例である．

マスク作成

　LSIの製造にマスクパターンが必要であることは，第4章で学んだ．このマスクパターンを作るのが，レイアウト設計の最終ステップである．マスクパターンの図形情報は，トランジスタを形成するデータと，トランジスタを相互に接続する配線データでできている．図 5.21 に示すように，マスクパターンは幾何学的な模様としてとら

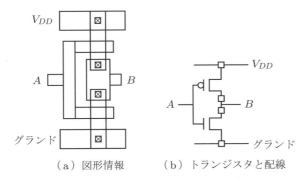

(a) 図形情報　　(b) トランジスタと配線

図 5.21　マスクパターンの図形情報

えることができるが，厳密には，それらは寸法や座標値という物理情報をともなった図形データそのものである．セルの配置・配線を行うことで，チップ上でのトランジスタの位置と接続経路が確定される．この結果，それらの位置・経路情報を用いてマスクパターンに必要な図形データを作成することができる．この作業のことを**アートワーク**という．

5.5 テスト設計

論理シミュレーションやディレイチェックで論理やタイミングの不良，すなわち設計ミスを除いたとしても，チップの製造工程で発生する原因によって回路に不良が入り込む場合がある．たとえば，配線工程の不具合で生じる信号線の断線や配線どうしの接触による不良などである．図 5.22 の写真のように，二つの信号線の間にホコリなどの異物が落ちると，この2本の信号は異物によって接触した状態になる．これは，結果的に LSI の誤動作につながる．

このような不良をなかに残したままで LSI を製品として出荷することはできない．

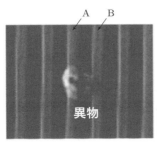

信号線AとBが
異物を介して
ショート(短絡)している

図 5.22　異物による信号線のショート

したがって，テストの主要な目的は製品が良品か不良品かの選別を行うことといえる．

LSI のテストには，大きく分けると前工程終了時点でのウェハの段階でのテストと，組み立て工程が終わりパッケージに封入された段階でのテストがある．また，テストの内容には，論理機能が正常にはたらいているか，動作電流値や電圧値が規定どおりか，信号のディレイに異常がないかなど多くの項目があり，それぞれでテストの方法が変わる．以下では，最後の出荷前に LSI が良品か不良品かを選別する**機能テスト**（ファンクションテスト）について述べる．

機能テストのしくみ

通常，LSI は 1 枚のウェハに同じものが数百個近く作られ，そのウェハが 1 回の製造単位（ロット）では何十枚も作られるから，チップの数はきわめて多くなる．したがって，大量の個数の LSI を手際よくテストしてゆく必要がある．

機能テストには，テスタという装置が使われる．テスタを用いたテストの基本的な流れを**図 5.23** を用いて説明する．LSI をテスタに装着し，LSI の入力ピンにテストデータになる信号を与える．この信号のことを**テストパターン**とよぶ．LSI は入力されたテストパターンに応じて内部の論理回路が動作し，出力ピンにその結果が現れる．出力信号のことを出力パターンとよぶ．

いま，あるテストパターン $TP(i)$ に対して，LSI のなかに不良（故障）がないときの出力パターンを $OP(i)$ とする．これを期待出力値という．このとき，もしもある LSI

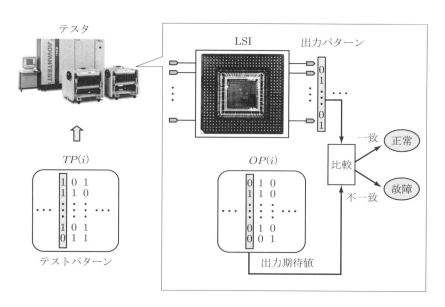

図 5.23　テストの概念

において，$TP(i)$ を入力したにもかかわらず，期待出力値と異なる別の出力パターン $OP(i')$ が現れると，このLSIは故障していると判断することができる．

ここで，つぎのことに注意する必要がある．それは，テストパターン $TP(i)$ を与えたところ，故障しているLSIも $OP(i)$ を出力するケースである．これでは故障しているのか正常なのかの判断がつかない．いいかえれば，この場合，テストパターン $TP(i)$ はその故障を判別するのには無力なテストパターンであるということになる．テストシステムに必要な機能の第一は，良品と不良品を明確に区別できるテストパターンを作ることである．

テストパターンの有効性

テストパターンをどうやって作るか，作られたテストパターンが良品と不良品を判別できるかをどのようにして評価すればいいのだろうか．

図 5.24(a) に示した論理回路を考えてみよう．図で AND ゲート A の出力端子がなんらかの原因で入力 a，b にかかわらずつねにローレベル，すなわち論理値 "0" となる故障状態にあるものとする．この回路は三つの入力をもっているので全部で，8通りの入力パターンが考えられる．

このとき回路の真理値表は図 5.24(b) のようになる．真理値表で故障のない場合と故障がある場合の出力 d をつきあわせてみると，＊印のついた部分は正常時には "1"，故障時には "0" が出力されている．それ以外の入力パターンに対しては正常時も故障時も同じ結果が出力されている．このことは，＊印のついた入力パターンは正常と故障を判別するのに有効なパターンであり，それ以外は無効なパターンであることを示している．したがって，原理的には，すべての入力パターンについて回路の出力を調べ，正常と故障の区別をつければよいことになる．

しかし，実際の回路では入力端子やゲートは数百～数万個になるため，このような方法でテストするのは非現実的である．そこで，これらのことをできるだけ効率よく行

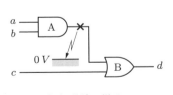

a	b	c	正常な場合の d	故障の場合の d	
0	0	0	0	0	
0	0	1	1	1	
0	1	0	0	0	
0	1	1	1	1	
1	0	0	0	0	
1	0	1	1	1	
1	1	0	1	0	＊
1	1	1	1	1	

（a）故障の様子　　　　（b）正常な場合と故障の場合の真理値表

図 5.24　正常時と故障時の論理動作の違い

う方法として,テストパターン生成と故障シミュレーションという技術が用いられる.

テストパターン生成は,テストのための入力信号系列(テストパターン)を自動的に作り出すことである.そして,作られたテストパターンが故障を発見するのに有効かどうかを調べるには,故障シミュレーションを用いる.

故障シミュレーションとは,回路が正常な場合にテストパターンを入力したときの論理動作をシミュレートして出力(期待出力)を求め,つぎに,回路に故障を仮定した状態で,同様に動作をシミュレートし,出力を求める.二つの出力が異なっていれば,入力したテストパターンはその故障に対して有効であり,もしも出力が同じであればその故障を見つけるうえでは無効なパターンである,ということになる.これらの関係を図 5.25 に示す.

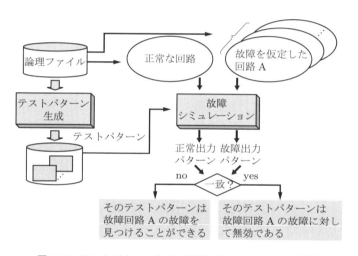

図 5.25 テストパターン生成と故障シミュレーションの関係

テストパターンの作成手順

図 5.26 の回路を例にとって,テストパターンを作成する手順を説明しよう.この回路は二つの AND ゲート A と B,ひとつの OR ゲート C からなる非常に簡単な論理回路である.

いま,LSI がこの回路だけでできているとしよう.LSI の入力端子は X_1, X_2, X_3, X_4 で,出力端子は Y_1, Y_2 である.この LSI の製造工程で,仮に AND ゲート A の出力端子がグランド線と接触しているような不具合が生じたとする.このとき,出力端子はつねに"0"という論理値をとることになる.この状態を 0 縮退故障という(以下では 0 縮退故障で説明を進めるが,電源線と接触することによって,つねに"1"という論理値をとる故障の状態もある.このような故障を 1 縮退故障という).

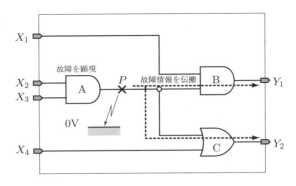

図 5.26 故障の顕現と伝搬

　製造されたほとんどの LSI はこのような故障はなく正常に機能する良品であるが，たまたまホコリが紛れ込んで，このような不良品ができてしまったと想定する．この不良 LSI を見つけ出すためのテストパターンは，以下の手順を踏んでゆくことで作成できる．

1 故障顕現条件を満足させる

　AND ゲート A の出力端子を P とする．正常な LSI では P の論理値は入力 X_2 と X_3 の論理値によって変わる．入力端子の X_2 と X_3 の論理値の組み合わせは，(0, 0)，(0, 1)，(1, 0)，(1, 1) の 4 通りある．ここで，入力が (0, 0)，(0, 1)，(1, 0) の三つについて，正常な LSI では明らかに P の論理値は"0"となる．一方，不良 LSI の場合，P はグランドと接触した状態にあるため，やはり"0"である．このことは，P の論理値が"0"となったとき，それは AND ゲートが正常に動作した結果で"0"になったものなのか，グランドとの接触によって"0"になっているのか判別がつかない，ということを物語っている．すなわち，入力の (0, 0)，(0, 1)，(1, 0) はどれもこの AND ゲートが正常なのか故障なのかを区別することができない．

　では，(1, 1) の入力はどうだろうか．この場合，AND ゲートが正常なら，明らかに P は"1"になる．一方，(1, 1) を入力したにもかかわらず"0"が出力されていることが観察されると，この AND ゲートは故障しているということがわかる．すなわち (1, 1) はこの故障を弁別することができる，ということになる．

　以上をまとめると，有効なテストパターンを作成するうえで，故障を想定したゲートにおける入力論理値にある条件が課せられることがわかる．すなわち，"故障点の論理値が，想定した故障値に対して逆になるように入力論理値を設定すること"が条件となる．故障を際立たせるという意味で，この条件のことを **故障顕現条件** という．

2 故障伝搬条件を満足させる

　さらに，LSI 内部に起こっている故障論理値を LSI の外部すなわち，出力端子にまで導き出さなければならない．ふたたび，図 5.26 を見てみよう．P の論理値は

5.5 テスト設計

ANDゲートBとORゲートCを経由して出力端子Y_1とY_2に出て行く．そして，ゲートBにはもうひとつの入力があり，それはX_1につながっている．また，ゲートCにはX_4の入力端子がつながっている．

まず，ANDゲートBに注目しよう．故障点Pの論理値を外部にまで導くには，ゲートBのもう一方の入力論理値は"1"でなければならない，ということに気づく．なぜなら，もしこの入力が"0"ならば，ANDゲートBの出力はつねに"0"となり，Pの論理値は"隠蔽"されてしまうことになる．同様に，ゲートCにおいては，故障点Pの論理値を外部にまで導くには，もう一方の入力論理値は"0"でなければならないことがわかる．なぜなら，もしこれが"1"なら，ORゲートの性質からその出力はつねに"1"となり，やはりPの論理値は途中"隠蔽"されて，外部まで伝わらない．このように，故障点の論理値を外部出力端子まで導き出すために，その経路上にあるゲートの入力論理値を適切に決め，故障の影響を外部端子まで活性化することを**故障伝搬条件**を満足させるという．図5.26の例では，X_1は"1"，X_4は"0"が伝搬条件から求まる論理値である．

以上より，$(X_1, X_2, X_3, X_4) = (1, 1, 1, 0)$が求めるテストパターンとなる．そして，LSIが正常ならその出力パターン(Y_1, Y_2)は$(1, 1)$となり，故障していれば$(0, 0)$となって，不良品を判別することができる．このように，故障顕現条件と故障伝搬条件の二つを満足させるように論理値を逐次決めてゆくことで，テストパターンを作成することができる．

テストパターン作成の具体例

この原理を**図 5.27**の回路にあてはめてみよう．図でORゲートBの出力が電源ラインと接触する故障を想定する．この場合，故障点の論理値はつねに"1"に固定される．このような故障を「1縮退故障」という．回路は先の例よりも複雑であるが，故障顕現条件，故障伝搬条件を順次適用してゆくことで容易にテストパターンを決定することができる．以下にその考え方を示す．

❶ まず，故障顕現条件について考察する．ゲートBの入力端子1, 2はBがORゲートであることより，"0"，"0"でなければならない．これによって正常時と故障時の区別をつけることができる．つまり，$(0, 0)$を与え，本来は出力が"0"になるはずにもかかわらず"1"になっているということで故障と認識できる．

❷ 故障伝搬条件より，ゲートEの入力端子2に与える論理値は"0"でなければならない．なぜならば，EはNORゲートであるため，端子2が"1"であればPの論理値にかかわらず，その出力はつねに"0"となり正常と故障の区別がつかなくなる．さらに，ゲートFの入力端子2は"1"でなければならない．なぜ

ならば，FはNANDゲートであるため，もしも端子2が"0"ならFの出力はつねに"1"になり，正常と故障の区別がつかなくなる．

❸以上の結論をもとに，今度は入力端子に向かって論理値を決めてゆく．ゲートEの入力端子2が"0"であることは，ANDゲートCの出力端子3が"0"であることであり，そのためには(X_3, X_4)は$(0, 0)$，$(0, 1)$，$(1, 0)$のいずれかでなければならない．

❹ゲートFの入力端子2が"1"であることは，ANDゲートDの出力端子3が"1"であることであり，そのためには(X_4, X_5)は$(1, 1)$でなければならない．

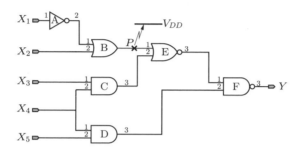

図5.27　テストパターン生成の例題回路

❺❹の条件を考慮すると，❸の三つの組のうち，$X_4 = 1$の組だけが残る．すなわち(X_3, X_4)は$(0, 1)$に限られる．

❻以上で，(X_3, X_4, X_5)は$(0, 1, 1)$になる．

❼❶を実現するには，(X_1, X_2)は$(1, 0)$でなければならない．

❽以上の考察から，求めるテストパターンは次のようになる．
　$(X_1, X_2, X_3, X_4, X_5) = (1, 0, 0, 1, 1)$

以上の考えをベースにしたDアルゴリズムとよばれるテストパターン生成アルゴリズムが，広く用いられている．また，まったく別の方法として，ランダム法とよばれるテストパターン生成方法がある．これは乱数を用いてテストパターンをランダムに発生し，故障シミュレーションによって正常な出力パターンと，故障を仮定した場合の出力パターンを求め，これら二つの出力が異なる場合にそのテストパターンを有効なテストデータとして採用する方法である．

最近，この考えをもとに，LSIチップにテストパターン発生器を組み込んだBIST法(built in self test)とよばれるテスト方式が開発されている．LSIの回路規模が増大し，微細化が進むに従って，ここに述べた機能テスト以外に，信号のノイズやディレイによる誤動作など，さまざまな要因による不良を見つけることが求められ，LSI

テストはますます重要になってきている．

第5章のまとめ

1. LSIの開発において，LSIの企画から製造までをひとつの会社で進める開発のスタイルと，「企画・設計」と「製造」を分離して，企画・設計までを自社で行い，LSIチップの製造は専門の別会社に依頼するというスタイルがある．さらに，設計者の手元で自由に内部の論理回路を変更できるFPGAというプログラマブルデバイスを用いて目的のLSIを開発するスタイルが盛んになってきている．

2. LSIはメモリーLSIと論理LSIに大きく分けることができる．論理LSIには電子装置や機器に組み込んで所定の機能を実現するASICとよばれる専用LSIがある．

3. ASICの実現方式にはスタンダードセル方式とゲートアレイ方式の二つがある．スタンダードセル方式でLSIチップを製造する場合には，ウェハ上にトランジスタを形成する工程が必要となる．ゲートアレイ方式では前もってトランジスタが作り込まれたウェハを用い，これをベースにしてLSIを作り上げてゆく．

4. スタンダードセル方式は，使用するセルだけでチップが構成されるため，ウェハにむだが生じない．ゲートアレイ方式では，あらかじめ決められた数のトランジスタが搭載されたウェハを使用する．このため，設計した論理の規模が小さい場合，未使用のトランジスタが残り，チップコストが高くなる．

5. 製造期間の面では，標準セル方式は，トランジスタの形成工程がともなうため，期間が長くなるという短所がある．一方，ゲートアレイ方式は，トランジスタの形成を終えたシリコンウェハを用いるため，ウェハプロセスでは配線工程だけでよく，短期間で製造できるというメリットがある．

6. 「設計」は大きく分けると，システム設計，論理設計，物理設計の三つの工程からなる．

7. システム設計は，企画段階で示された仕様をさらに細かく展開し，実際の設計に着手できるように，より具体的な内部仕様を固める作業が中心となる．

8. 論理設計ではLSIの論理回路を考え，それが正しく動作するかどうかを検証することが主要な作業となる．

9. 論理回路の記述方法には，ゲートを用いた表現，論理式・真理値表を用いた表現，ハードウェア記述言語を用いた表現の3通りがある．

10. Verilog HDLやVHDLとよばれるハードウェア記述言語による記述方法が現在，広く多く用いられている．

11. ハードウェア記述言語で表現された論理は，論理合成処理でゲート回路に変換される．

12. 設計した論理が正しいかどうかは，論理シミュレーションで確認する．

13. ディレイチェックではフリップフロップからつぎのフリップフロップまでの信号伝達時間が，クロック信号の時間間隔より小さいかどうかをチェックする．これが

クロック時間間隔よりも大きいと，次段のフリップフロップは正しく信号を取り込むことができず，タイミング上の誤動作の原因となる．

14　物理設計では，論理設計によって具体的になった電子回路を，LSI 製造に必要なマスクパターンに変換する．

15　物理設計には，フロアプラン，配置，配線という作業工程がある．これによって，トランジスタの LSI チップ上の位置座標と，トランジスタ間を接続する配線の経路座標が決まり，LSI ファブリケーションに必要なフォトマスクのパターンが作られる．

16　「テスト」は作られた LSI に製造不良がないかを検査し，良品と不良品を選別する工程である．テストに合格した LSI が製品として出荷される．

17　テストパターンは回路の故障顕現条件と故障伝搬条件を満足するように作成される．

18　テストパターンの有効性をみるために故障シミュレーションが行われる．あるテストパターンを入力したとき，回路が正常な場合の出力値と，故障を仮定した場合の出力値が異なっていれば，そのテストパターンは，その故障を検出するのに有効であると判定できる．

演習問題 5

5.1　下記の (a)〜(g) の項目を設計工程の上流から下流の順に並べよ（解は複数通りある）．
(a) 配置，(b) テストパターン生成，(c) HDL 記述，(d) ディレイチェック，
(e) 配線，(f) 論理合成，(g) ゲートレベル論理シミュレーション，
(h) HDL レベル論理シミュレーション

5.2　設計におけるディレイチェックの役割について述べよ．

5.3　良質の配置を実現することは LSI にどのようなメリットをもたらすか．

5.4　レイアウト設計の流れを示し，それぞれの作業内容を簡単に説明せよ．

5.5　発展課題　シミュレーティドアニーリング法について調査し，その概要を説明せよ．

5.6　発展課題　配線アルゴリズムについて調査し，その概要を説明せよ．

5.7　故障シミュレーションの役割について述べよ．

5.8　図 5.28 に示す論理ゲートの出力端子の 0 縮退故障，1 縮退故障に対する故障顕現条件を示せ．

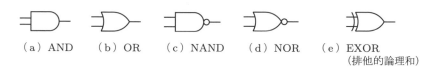

図 5.28

5.9 図 5.29 において，NOR ゲート a の出力端子 P がつねにグランド電位(論理値"0")になるような故障を見つけるのに有効なテストパターンを求めよ．さらに，求めたテストパターンに対する，正常な場合の出力 Y_1, Y_2 と故障の場合の出力 Y_1, Y_2 を示せ．

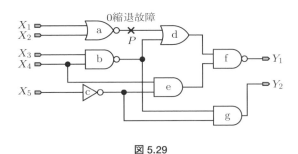

図 5.29

6 LSIの論理記述言語

 ハードウェア記述言語(HDL)を用いた論理設計が主流になってきていることは，第5章で述べたとおりである．本章では，LSIの論理を記述する代表的な言語のひとつである Verilog HDL をとりあげ，具体的ないくつかの設計例をもとに，Verilog HDL の文法や記述のルール，そして留意すべき点などを学んでゆく．

 Verilog HDL はもともとC言語をベースにした文法体系のもとで開発された言語であり，構文や演算子がC言語によく似ている．したがって，C言語の知識があれば理解は容易である．Verilog HDL とC言語でもっとも異なる点は，C言語では文（ステートメント）は書かれている順番に従って順次実行されるのに対し，Verilog HDL では文は基本的に並列に実行されることである．これは，ハードウェアは並列に動作するということから納得できる．もちろん Verilog HDL でも文の実行が逐次的になされる場合もある．これは後で述べる順序回路の記述やシミュレーションのテストデータの印加の際にみることができる．これらについては本章を読み進めてゆくなかで明らかになる．

 近年，HDL を用いた論理設計が手軽にできるようになったことに呼応して FPGA に代表されるプログラマブルロジックデバイスを用い，論理設計の結果をその場で LSI に実装して動作を確認するという LSI の開発スタイルが盛んになっている．本章の最後ではこれらについても触れる．

6.1 組み合わせ回路と順序回路

 論理回路は大別すると組み合わせ回路と順序回路に分類できる．**組み合わせ回路**は，たとえば加算回路のように，出力がそのときの入力の値のみで決まる回路，いいかえれば，出力が以前の動作に依存しない回路のことである．組み合わせ回路は，ANDゲート，ORゲート，インバータ(NOT)などの論理エレメントを接続して実現

できる．入力の組み合わせにより出力が決まるので，組み合わせ回路とよばれる．

順序回路は，出力がそのときの入力と，その時点の回路の内部状態で決まる回路のことである．これは，出力が以前の状態にも依存すること意味している．以前の状態に依存することは，以前の情報を回路が記憶しているということになる．順序回路は，組み合わせの論理エレメントに加えてフリップフロップなどの記憶エレメントを用いて構成される．入力の順序により出力が決まるので順序回路とよばれる．

本章では Verilog HDL を用いた組み合わせ回路の設計として BCD 加算回路をとりあげる．BCD 加算器では加数，被加数とも BCD 符号で表される．BCD 符号の「BCD」は Binary Coded Decimal の略で，2 進化 10 進符号ともいわれる．BCD 符号の詳細については後に述べる．以下では，半加算器，1 ビット全加算器，4 ビットリップルキャリー加算器の順で学んでゆき，それらの集大成として 2 桁 BCD 加算回路を設計する．順序回路の設計では代表的な例としてカウンタとシフトレジスタをとりあげる．順序回路を設計する場合にはいくつか注意しなければならない点がある．二つの設計を通してこれらについて学ぶ．

6.2 モジュールとその構造

Verilog HDL を用いた論理回路の設計では**モジュール**を単位として回路の記述を行い，機能をモジュールとしてまとめてゆく．最初に Verilog HDL におけるモジュールとはどういうものであるかを理解しておくことが重要である．

一般に大きな論理回路の設計では全体をいくつかのブロックに分けて設計する．このブロックがモジュールに対応していると考えればよい．したがって，大きな論理回路では全体が複数個のモジュールで構成されることになる．また，ひとつのブロックの中を複数のブロックに分け，それらのつながりでもとのブロックを表すことがよく行われる．このようにブロック分けされた結果，ブロック間に包含関係，すなわち階層的な関係が生まれる．

モジュールにも同様に階層構造をもたせることができる．モジュールの階層については後で説明する．回路を分割していくつかのモジュールにまとめる場合，それぞれのモジュールは汎用性が高く，必要に応じて回路全体のなかで反復利用できるようになっていることが望ましい．

モジュール記述の概要

Verilog HDL のモジュールの記述の概要を以下に示す．モジュールはキーワード module から始まり，endmodule で終わる．1 行目はモジュールの名前と**ポートリスト**を括弧でくくって記述する．この行の最後にはセミコロン";"が必要である．一方，

endmodule にはセミコロンをつけない．モジュールには，以下に記すように，モジュール名とポートリストのほか，いろいろな宣言や文が含まれる．

```
module    モジュール名(ポートリスト);
// ①ポートの定義
          ポート宣言
// ②信号の定義
          ワイヤー宣言
          レジスタ宣言
          パラメータ宣言
// ③回路の構造や動作の記述
          assign 文
          always 文
          function
          下位モジュール呼び出し
                    など
endmodule
```

上に示したモジュールの構造をみてゆこう．ポートリストはモジュールで使用するポートの名前を列挙したものである．ポートはそのモジュールに入る信号の受け口，およびモジュールからの信号の出口と思えばよい．

①のポート宣言では，それぞれのポートが入力なのか出力なのか，あるいは入出力の双方向なのか，また，どのような性質の信号がそのポートに出入りするのかなど，ポートの属性を定義する．

②では，モジュールで使用する信号の定義を行う．**ワイヤー宣言**はモジュール内で使用する信号（組み合わせ回路で用いる信号など）を定義するものであり，キーワード wire に続いて信号の名前を書く．ワイヤー宣言は，単一ビットの信号だけでなく，バスのように多ビットの信号も定義することができる．ワイヤー宣言で定義された信号は，回路の動作に即応して常時，値を伝搬し続ける信号であり，それ自体は値を保持しない．別の見方をすれば，組み合わせ回路のゲート，あるいは，モジュールどうしを接続する配線（につけた名前）とも考えることができる．

レジスタ宣言で定義した信号はフリップフロップの出力のように値が保持される信号である．これはキーワード reg に続いて信号の名前を書く．レジスタ宣言も，単一ビットの信号だけでなく，バスのように多ビットの信号も定義することができる．ワイヤー宣言した信号を wire 信号あるいは net 信号，レジスタ宣言した信号を reg 信号と書くことがある．パラメータ宣言は，モジュール内で使用する定数を定義する．

③の部分は，assign 文や always 文，function，下位モジュールの呼び出しなど，モジュールの本体を記述する．ここで実際の回路の構成や論理の機能を記述する．詳細は本書を読み進めてゆく過程で明らかになる．

変　数

　ソフトウェアの世界では値をセットし，保持するものを「変数」という．そこから，Verilog HDL で「信号」のことを「変数」と表現する場合がある．もっともそれは reg 信号についていえることで，wire 信号には当てはまらない．「信号」はハードウェア，「変数」は Verilog HDL の言語としての文法を意識した表現と思えばよく，意味的には大きな違いはない．

　簡単な例として次のモジュール（List-1）をみてみよう．

```
// List-1
module  adder_4 (a, b, sum);
input    [3:0] a, b;
output   [3:0] sum;
assign   sum = a + b;
endmodule
```

　List-1 は次のように解釈できる．すなわち，このモジュールは名前が adder_4 で a, b, sum の三つのポートをもっている．a, b は入力ポートで 4 ビット幅の信号を受け取る．sum は出力ポートで 4 ビット幅の信号が出てゆく．回路構成の記述は assign 文でなされている．ここにはビット幅の表現はないが，暗黙のうちにポート a とポート b に入ってきた 4 ビットの信号の加算演算を行い，結果の 4 ビットをポート sum に送る．assign 文のことを「継続的代入文」という．これについては後で詳しく説明する．たった 5 行の記述であるが，これで 4 ビットの 2 進加算回路が設計できたことになる．

　List-1 の，「assign　sum = a + b;」に注目しよう．この記述はポートそのものを使って論理の記述を行っている．しかし，厳密に考えるとポートはモジュールの信号の受け口と出口であって，実際の論理を実現する主役は信号である．ポートを信号と混同しがちであるが，本来，ポートと信号は別の概念である．

ポート

　ここで，ポートと信号の関係を整理しておこう．ポートは英語で port（"港"の意味）と書くが，まさにモジュールの「港」なのである．港には船が入ってきたり，出て行ったりする．この船に相当するのが信号である．モジュールの内部信号は「車」に相当すると考えればよい．Verilog HDL では，「車」をワイヤー宣言やレジスタ宣言で定義する．そして，これらの入出力ポートと内部信号を用いてそのモジュールの論理を記述する．二つのモジュール M1 と M2 があり，M1 の出力ポートと M2 の入力ポートが接続されているとする．この接続は，ちょうど，ある「港」から出た船が目的の「港」

に入る関係に対応している．この「船」の名前に相当するのが「接続信号名」である．これらの関係を**図 6.1** に示す．ここで注意すべきことは，M1 と M2 を内部にもつような上位階層のモジュール M0 があるとき，M0 においては，図 6.1 の二つの船は M0 では内部信号（車）になるということである．接続信号と内部信号を船と車にたとえて説明したが，これは固定的なものでなく，階層に応じて変わるものであると理解してほしい．先にあげたモジュール adder_4 を内部信号を用いて厳密に記述したものを List-2 に示す．

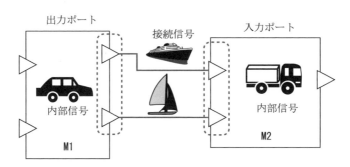

図 6.1　ポートと信号

```
// List-2
module adder_4x (a, b, q);
// ポート宣言
input [3:0]    a, b;
output [3:0]   sum;

// 内部信号の定義
wire [3:0]   dog, cat;
wire [3:0]   pig;

// ポートへの信号割り付け
assign   dog = a;
assign   cat = b;
assign   sum = pig;

// 論理の記述
assign   pig = dog + cat;
endmodule
```

ポートへの信号割り付けをしている assign 文で，代入記号（=）の左辺と右辺が入力ポートと出力ポートで逆になっていることに注意してほしい．入力ポートでは，信号名 = ポート名 であるのに対し，出力ポートでは，ポート名 = 信号名 となっている．これは，信号が流れる方向を考えれば容易に納得できる．しかし，実際には，このよ

6.2　モジュールとその構造

うに内部信号を定義した厳密な記述はせず，ポートをそのまま用いて論理を記述することが多い．

6.3 シミュレーション

Verilog HDL の重要な機能にシミュレーションがある．Verilog HDL を用いて論理回路の設計を行うには，シミュレーションについて理解を深めておくことが重要である．論理シミュレーションとは設計した論理が意図したとおりに正しく機能しているかどうかを確認することであり，論理検証ともいわれる．シミュレーションを実行するしくみをシミュレータとよぶ．シミュレータにはいろいろな種類のものがあるが，ここでは Verilog HDL で書かれた論理記述に対して，テストデータ(信号値)を与えてその出力結果(信号値)を観測する機能をもつものを考える．

テストベンチ

Verilog HDL では，設計した論理回路記述に対応してそれぞれシミュレーション実行のためのファイルを用意する．このファイルも回路記述と同様に，Verilog HDL の記述のルール(文法)に従って書く．この記述を**テストベンチ記述**，作られたファイルをテストベンチファイルという．なお，通常，これらを単にテストベンチとよぶことが多い．ここには，回路に適切な入力を与え出力を観測するための手順が書かれる．テストベンチは検証対象となるモジュールに対して上位の階層に位置づけられる．すなわち，上位階層側でテスト入力の印加，出力の観測を行う．**図 6.2** にテスト

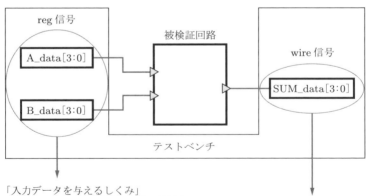

図 6.2 テストベンチと検証対象回路の接続

ベンチと検証対象回路の接続状態を示す．検証対象回路にテストデータを与える入力信号は，レジスタ宣言をした信号でなければならない．テストベンチの中でこれらの信号にいろいろな値を代入し，入力を変化させることによって，テストケースに多様性をもたせることができる．

出力を観測するしくみとして検証回路の出力ポートにはワイヤー宣言をした信号を接続する．本来，ワイヤー宣言は変化に追随する信号に適用されるものである．この点からも，シミュレーションの観測信号をワイヤー宣言で定義するというのは理にかなったことといえる．レジスタ宣言した信号出力ポートに接続するとエラーとなる．

List-1 のモジュール adder_4 に対するテストベンチの例を List-3 に示す．テストベンチモジュールには，そのモジュールの外部からの入力や出力はないので，ポートリストやポート宣言は不要である．

```
// List-3
module adder_4_tb;
reg [3:0]  A_data, B_data;    // 入力パターンを与えるための信号線
wire [3:0]  SUM_data;         // 出力結果を観測するための信号線
adder_4 inst_adder_4 ( A_data, B_data, SUM_data);
// テストパターンを印加する
initial
 begin
          A_data = 4'h0; B_data = 4'h3;   //0 + 3
   #100   A_data = 4'h1; B_data = 4'h4;   //1 + 4
   #100   A_data = 4'h4; B_data = 4'hb;   //4 + 11
   #100   A_data = 4'h5; B_data = 4'h8;   //5 + 8
   #100   A_data = 4'h7; B_data = 4'h2;   //7 + 2
   #100   A_data = 4'h6; B_data = 4'h5;   //6 + 5
   #100   $finish;
   end
// 信号値を表示する
initial
 $monitor ("time%t \t a = %d \t b = %d \t sum = %d", $time, A_data, B_data, SUM_data);
endmodule
```

テストベンチ adder_4_tb の内容をみてゆこう．まず，2 行目と 3 行目でテスト入力のための信号と結果を観測するための信号を宣言している（これらは「信号」というよりむしろ「信号線」と解釈した方がわかりやすい）．入力信号線の名前は A_data と B_data で，どちらも 4 ビットのレジスタ信号が乗る．これらは，モジュール adder_4 の入力ポートに接続され，その値が被加数と加数になる．SUM_data は加算結果を観測するためにモジュール adder_4 の出力ポートに接続される．これは 4 ビットのワイヤー信号として宣言されている．テスト入力はレジスタ型（reg 型），観測出力はワイヤー型（wire 型，net 型）であることは先に述べたとおりである．

4 行目の記述で，被検証回路 adder_4 を呼び出し，入力信号と出力信号を対応する
ポートに代入している．これで入出力信号線が正しく接続されたことになる．"inst_
adder_4"は呼び出したモジュール adder_4 につけた独自の名前である．これを「イン
スタンス名」という．インスタンス名の具体的な説明は後で行う．

inital 文

List-3 には，二つの inital 文がある．はじめの initial 文は begin ～ end で囲われた
複数の文になっている．二つ目の initial 文は単一文である．このように単一の文の
場合は begin ～ end で囲まなくてもよい（もちろん囲ってもよい）．initial 文は**手続
き型(procedual)ブロック**とよばれ，ブロック内では文が書かれた順に従って順番に
実行される．手続き型ブロックにはこのほかに always 文がある．initial 文は 1 回だ
け実行されるのに対し，always 文は繰り返して実行される．

シミュレーションの実行は initial 文でスタートする．二つの initial 文は同時・並
列に実行される．はじめの initial 文の各行がテストデータを印加する手続きである．
たとえば，「A_data = 4'h0; B_data = 4'h3;」は 0 + 3 のテストを意味している．それ
ぞれの行にある 4'h はこの後に続く数字，記号を 4 ビットの 16 進数として扱うこと
を意味している．したがって，4'hb は 10 進数で 11，ビット表示すれば，1011 が信
号値として与えられることになる．# は遅延を表す記号である．上の記述では，時
刻 0 からスタートして 100 タイムユニット経過するごとに入力値を変えながら 600
タイムユニットの間シミュレーションを実行する．設計するハードウェアの仕様に応
じて 1 タイムユニットを実時間でどれくらいの時間にするかを設定することができ
る．$finish はシステムタスクとよばれるもののひとつで，ここでシミュレーション
を停止させる．

二つ目の initial 文の $monitor は，シミュレータに対しシミュレーション結果をテ
キスト形式で表示するよう指示するシステムタスクである．（ ）内に表示のフォー
マットを指定する．これは C 言語のプリント文(printf 文)に似たスタイルであり，
" "の後に並べた信号を" "内に書かれた書式で表示する．%d は値を 10 進数で表
示する書式である．$time はシステム関数の一種としてシミュレーション時刻を返す
組み込み関数で，その値を書式 %t で表示する．なお，\t は行のカラムをそろえて表
示を見やすくするためにタブを出力する指示である．

adder_4 を上に示したテストベンチ adder_4_tb でシミュレーションしたときの
$monitor の表示結果を図 6.3 に示す．（注意：実際には中の 6 行が $monitor による表示であり，
その前後にあるテキスト行は，シミュレータが独自に出力したものである．）

```
------------ シミュレーションを開始します.------------
0       a= 0    b= 3    sum= 3
1000    a= 1    b= 4    sum= 5
2000    a= 4    b= 11   sum= 15
3000    a= 5    b= 8    sum= 13
4000    a= 7    b= 2    sum= 9
5000    a= 6    b= 5    sum= 11
info: $finish コマンドを実行します. time=6000

----------- シミュレーションを終了します. time=6000 -----------
```

図 6.3　$monitor の表示結果

6.4　Verilog HDL の記述スタイル

Verilog HDL では回路をいろいろなスタイルで表現することができる．セレクタ回路(選択回路)を例にとり Verilog HDL のいろいろな記述スタイルをみてゆこう．

セレクタ回路は複数の入力信号のひとつを選んで出力する回路である．どの信号を出力するかは選択信号によって制御する．ここではもっとも単純なセレクタ回路として，1 ビットの信号 A, B を選択信号 SL で選択し，出力 OUT に導く回路を考える．SL が"1"なら OUT に B を出力する．"0"なら A を出力する．この回路の概念を図 6.4 に示す．

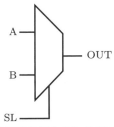

SL が"1"なら OUT に B を出力する．"0"なら A を出力する．

図 6.4　セレクタの概念図

ゲートレベルの記述

上の機能をもつセレクタ回路は，図 6.5 に示すように，2 個の AND ゲートと，1 個の OR ゲートおよび，インバータ(NOT)で実現できる．Verilog HDL では，**論理プリミティブ**(論理要素)としていくつかのゲート類があらかじめ用意されている．こ

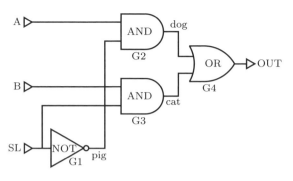

図 6.5 セレクタのゲート回路図

れらの登録されているプリミティブの相互接続によって回路を記述する．List-4 にその例を示す．「not」，「and」，「or」はいずれも論理プリミティブである．各プリミティブの記述で，( )の中には先頭に出力先号名を書き，その後ろにカンマで区切って入力信号名を書く．これによってプリミティブどうしの接続を正しく表すことができる．List-4 では二つの and プリミティブが用いられている．プリミティブとしては同じものであるが，当然，回路では別々のものとして扱う．ここでは，これらを G2, G3 という名前で区別している．List-4 は回路の構造を記述するスタイルである．

```
// List-4 : ゲートの接続による記述
module selector_gt (A, B, SL, OUT);
input  A, B, SL;
output OUT;
wire   pig, dog, cat;
not    G1 ( pig, SL );
and    G2 ( dog, A, pig );
and    G3 ( cat, B, SL );
or     G4 ( OUT, dog, cat );
endmodule
```

機能レベルの記述

別のスタイルとして，セレクタの論理機能に着目し論理関数を用いて記述することができる．これは，データの流れ(データフロー)に着目して回路を記述する方法である．この場合，セレクタは次のブール式で表すことができる．

$$\text{OUT} = \overline{\text{SL}} \cdot A + \text{SL} \cdot B$$

モジュールの記述は List-5 のようになる．

```
// List-5 : ブール式を用いた記述
module selector_bl (A, B, SL, OUT);
input   A, B, SL;
```

```
output  OUT;
assign  OUT = ~SL & A | SL & B;
endmodule
```

"~"は「NOT：否定」，"&"は「AND：論理積」，"|"は「OR：論理和」を意味する演算子である．ほかによく使う論理演算子としては，"^"「XOR：排他的論理和」，"~&"「NAND：論理積の否定」，"~|"「NOR：論理和の否定」，"~^"「XNOR：排他的論理和の否定」がある．これらは1ビットの信号に対してなされる論理演算子である．

動作レベルの記述（その1）

C言語では，「式SL＝＝0の評価値が真ならAを変数OUTに代入し，偽ならBを代入する」はたらきを，条件演算子付きの代入文として

   OUT = (SL == 0)? A : B ;

と書くことができる．これとよく似た記述スタイルがVerilog HDLでも可能である．すなわち，「SLが"0"ならOUTにAを出力し，"0"でなければ，Bを出力する」という動作をそのまま記述するスタイルである．この場合のモジュールはList-6のようになる．

```
// List-6 : 動作に着目した記述(その1)
module selector_bh1 (A, B, SL, OUT);
input  A, B, SL;
output  OUT;
assign  OUT = (SL == 0)? A:B ;
endmodule
```

動作レベルの記述（その2）

C言語に近い別の記述として，ファンクション（関数）とif文を使用することもできる．その例をList-7に示す．

```
// List-7 : 動作に着目した記述(その2)
module selector_bh2 (A, B, SL, OUT);
input  A, B, SL;
output  OUT;
assign  OUT = func_sel( A , B , SL ) ;   //func_selの戻り値をOUTに代入
            function func_sel ;
            input fa, fb, fs;       // 入力宣言
            if (fs == 0)    func_sel = fa ;
            else            func_sel = fb ;
```

```
            endfunction
endmodule
```

ファンクションの定義は，予約語 function のあとに，戻り値のビット幅，ファンクション名と続き，endfunction で終わる．上の func_sel は戻り値は 1 ビットなので，ビット幅の記述は省略している(ちなみに，戻り値が 4 ビットのファンクションではビット幅には[3:0]と書く)．ファンクションの入力宣言は C 言語の仮引数に相当する．モジュール selector_bh2 を C 言語風に解釈すれば，fa, fb, fs を仮引数にもつ関数 func_sel を定義し，実引数 A, B, SL で func_sel を呼び出して，戻り値を OUT に代入するという動作を記述している．

ファンクションでは，if ～ else 文や，case 文が使用できる．このため，複雑な組み合わせ回路を記述するときに役に立つ．ある機能をひとつのかたまりとしてファンクションの形で定義し，これを用いて回路を記述することで解読性(リーダビリティ)が向上するという利点がある．

6.5 組み合わせ回路の設計

ハーフアダー

ハーフアダー(Half Adder)は，半加算器ともいわれ，加算回路のコンポーネント(部品)になるものである．1 ビットの被加数 A と 1 ビットの加数 B の加算を行い，和 Y と上位への桁上げ信号(キャリー)CO を出力する．

A, B の値の組み合わせに対する Y と CO の値を**表 6.1** に示す．表 6.1 の真理値表から次の二つのブール式を導くことができる．

表 6.1　ハーフアダーの真理値表

A	B	Y	CO
0	0	0	0
0	1	1	0
1	0	1	0
1	1	0	1

$$Y = \overline{A} \cdot B + A \cdot \overline{B}$$
$$CO = A \cdot B$$

すなわち，Y は A と B の排他的論理和(XOR)，CO は A と B の論理積(AND)である．ハーフアダーの論理回路図を**図 6.6** に示す．図 6.6 をもとに作成したハーフアダーのモジュール halfadder を List-8 に示す．

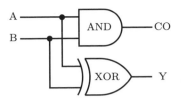

図 6.6　ハーフアダーの論理回路

```
// List-8 : module of halfadder
module halfadder  (A, B, Y, CO);
input  A, B ;
output Y, CO ;
assign Y = A ^ B ;
assign CO = A & B ;
endmodule
```

　上の記述で，ポートリストは(A，B，Y，CO)である．A，Bは単一ビットの入力ポート，Y，COは単一ビットの出力ポートである．4〜5行目は図6.6のゲートの接続を示している．これらは**継続的代入文**(assign 文：continuous assignment statement)である．継続的代入文では，右辺に含まれる信号の値が変化すると，自動的に式が評価され左辺へ代入される．「^」，「&」はすでに述べたとおり，それぞれXOR(排他的論理和)，AND(論理積)を意味する演算子である．

　モジュールhalfadderのテストベンチの例をList-9に示す．内容は容易に理解できるであろう．

```
// List-9
module test_halfadder;
reg   a, b ;
wire  sum, carry ;
halfadder  inst_halfadder ( a, b, sum, carry ) ;
initial  begin
      a = 0; b = 0;
#50   a = 1; b = 0;
#50   a = 0; b = 1;
#50   a = 1; b = 1;
#50   a = 0; b = 0;
#50   $finish;
end

initial  begin
$monitor ("%t   a = %b b = %b sum = %b carry = %b" , $time, a, b, sum, carry ) ;
end
endmodule
```

6.5　組み合わせ回路の設計

フルアダー

フルアダーは，1ビットの被加数A，加数B，および下位桁からの桁上げ（キャリー）CINの加算を行い，和（SUM）と上位への桁上げ信号（COUT）を出力する．この動作の真理値表を**表6.2**に示す．

表6.2　フルアダーの真理値表

A	B	CIN	SUM	COUT
0	0	0	0	0
0	1	0	1	0
1	0	0	1	0
1	1	0	0	1
0	0	1	1	0
0	1	1	0	1
1	0	1	0	1
1	1	1	1	1

真理値からSUMとCOUTの論理式を導くと，式(6.1)，式(6.2)が得られる．

$$\text{SUM} = (\overline{A} \cdot B + A \cdot \overline{B}) \cdot \overline{\text{CIN}} + (\overline{A} \cdot \overline{B} + A \cdot B) \cdot \text{CIN} \tag{6.1}$$

$$\text{COUT} = A \cdot B \cdot \overline{\text{CIN}} + \overline{A} \cdot B \cdot \text{CIN} + A \cdot \overline{B} \cdot \text{CIN} + A \cdot B \cdot \text{CIN} \tag{6.2}$$

式(6.1)を変形しよう．第1項の$\overline{A} \cdot B + A \cdot \overline{B}$はAとBの排他的論理和$A \oplus B$である（ここで，$\oplus$は排他的論理和の記号を表すものとする）．
第2項の$\overline{A} \cdot \overline{B} \oplus A \cdot B$は，ド・モルガンの定理を適用することで，$A \oplus B$の否定$\overline{A \oplus B}$であることが導かれる．したがって，式(6.1)のSUMは，

$$\text{SUM} = (A \oplus B) \cdot \overline{\text{CIN}} + (\overline{A \oplus B}) \cdot \text{CIN} \tag{6.3}$$

と書き換えることができる．さらによくみれば，式(6.3)は$(A \oplus B)$とCINの排他的論理和であることに気づく．この結果，SUMは式(6.4)のように書くことができる．

$$\text{SUM} = (A \oplus B) \oplus \text{CIN} \tag{6.4}$$

次に，式(6.2)のCOUTを変形する．第1項と第4項，第2項と第3項をまとめ，排他的論理和の表現式を適用すると

$$\begin{aligned}\text{COUT} &= A \cdot B \cdot (\overline{\text{CIN}} + \text{CIN}) + (\overline{A} \cdot B + A \cdot \overline{B}) \cdot \text{CIN} \\ &= A \cdot B + (A \oplus B) \cdot \text{CIN}\end{aligned} \tag{6.5}$$

になる．式(6.4)と式(6.5)を用いると，フルアダーの論理回路は**図6.7**(a)のようになる．図6.7(a)をよく見ると，1個の排他的論理和と1個のANDゲートを組（図の枠で囲ったもの）とする2組のかたまりとORゲート1個で構成されていることがわかる．この1個の組は図6.6に示したハーフアダーにほかならない．すなわち，フルアダーは2個のハーフアダーと，1個のORゲートで構成できる．この関係をあらため

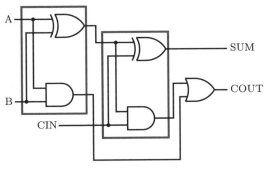

（a）論理回路

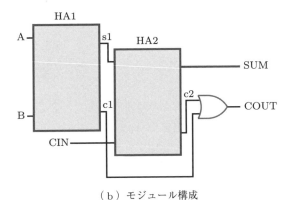

（b）モジュール構成

図 6.7　フルアダー

て図 6.7(b) に示す．

　図 6.7(b) を，モジュール名を fulladder，ポートリストを (A, B, CIN, SUM, COUT) として Verilog HDL で書くと List-10 のようになる．

```
// List-10
module  fulladder (A, B, CIN, SUM, COUT);
input A, B, CIN ;
output SUM, COUT ;
wire    c1, s1, c2 ;
halfadder  HA1 (A, B, s1, c1);
halfadder  HA2 (s1, CIN, SUM, c2);
assign COUT = c1 | c2 ;
endmodule
```

　A，B，CIN は単一ビットの入力ポート，SUM，COUT は単一ビットの出力ポートである．内部信号を wire s1, c1, c2 ; で定義している．

　5 行目と 6 行目に注目しよう．行の先頭にある "halfadder" は List-8 に示したハー

フアダーモジュールである．これにより，モジュール fulladder はモジュール halfadder を子階層のモジュールとして呼び出したことになる．ここで注意しなければならないことは，同じ halfaddr を 5 行目，6 行目と 2 回呼び出していることである．呼び出したモジュール halfadder 本体は同じものであるが，fulladder では回路構成上これらを別のものとして区別する必要がある．そのために，ここでは続くカラムで"HA1"，"HA2"という固有の名称を記述している．この名称は，先頭が英字かアンダースコア"_"で，Verilog HDL で規定されている予約語以外の任意の名前でよい．子階層として呼び出されたモジュールを**インスタンス**，つけられた固有の名称を**インスタンス名**という．

つぎに，2 個の halfadder HA1 と HA2 の（ ）内に記述の並びに注目しよう．ここにはこの halfadder を使用する側(すなわち呼び出す側)のポートあるいは内部信号のリストを書く．その並び順は定義したモジュールである halfadder のポートリストの並び順に 1 対 1 に対応していることに注意してほしい．この対応が崩れると接続関係が崩れてしまい正しく動作しない．

しかし，つねに並び順を気にして書くのは面倒である．そこで，煩雑さを回避する書き方として，ドット「．」に続いて定義側(いまの場合 halfadder)のポートリスト名を書き，その後ろに呼び出し側のポートリスト名あるいは内部信号名を（ ）でくくって続けるという書き方が許されている．このかたまりを単位にすれば上記の並び順の制約はなくなり，どのような順序で並べてもよい．たとえば，定義した halfadder のモジュール宣言部分を

```
module halfadder (ha, hb, hy, hc);
```

としたとき，上のインスタンス HA1 の記述部分を

```
halfadder    HA1 ( .ha(A), .hb(B), .hy(s1), .hc(c1));
```

のようにもとの順序を守って書いてもよいが，次のように順序を崩して

```
halfadder    HA1 ( .hc(c1), .hb(B), .ha(A), .hy(s1));
```

のように順不同で書いてもかまわない．信号の数が多いときは，「．定義側ポートリスト名(呼び出し側の信号名)」スタイルで書く方が便利である．

リップルキャリーアダー

3 個のフルアダー(FA1 〜 FA3)と 1 個のハーフアダー(HA0)を**図 6.8** のように接続すると 4 ビットの 2 進加算器ができる．この加算器は下位の桁上げ信号が上の桁に順次伝わっていくことから**桁上げ伝搬加算器**(リップルキャリーアダー：ripple

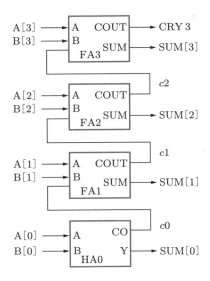

図 6.8 4 ビットリップルキャリーアダー

carry adder)とよばれる．2 ビット目より上の桁には被加数，加数，下位桁からのキャリー信号の三つが入ってくるためフルアダーである必要があるが，最下位ビットは被加数と加数の二つの信号しか入ってこないのでこのビットはハーフアダーでよい．

4 ビットリップルキャリーアダー ripple4adder の記述を List-11 に示す．ポートリストは(A，B，SUM，CRY3)で，A，B は 4 ビット幅の入力ポート，SUM は 4 ビット幅の出力ポート，CRY3 は 1 ビットの出力ポートである．c0，c1，c2 は内部信号でいずれも下位ビットからの桁上げ信号である．回路構造としてはハーフアダー(halfadder)とフルアダー(fulladder)を，インスタンス名 HA0，FA1，FA2，FA3 で呼び出している．

```
//List-11
module   ripple4adder (A, B, SUM, CRY3);
input    [3:0]    A, B;
output   [3:0]    SUM;
output            CRY3;
wire              c0, c1, c2;
halfadder HA0(A[0], B[0], SUM[0], c0);
fulladder FA1(A[1], B[1], c0, SUM[1], c1);
fulladder FA2(A[2], B[2], c1, SUM[2], c2);
fulladder FA3(A[3], B[3], c2, SUM[3], CRY3);
endmodule
```

6.5 組み合わせ回路の設計

BCD 加算器

1 BCD 符号

BCD 加算器のしくみを理解する前に,はじめに **BCD 符号**とはどんなものかを知っておく必要がある.BCD 符号とは,4 ビットで表される 0 〜 9 の数字だけを用いて数値を表すもので,**表** 6.3 に示す 4 ビットの符号である.4 ビットあれば残りの 1010 〜 1111 も表現できるが,これらは BCD 符号ではない.10 進数の各桁(1 の位,10 の位…)は 0 〜 9 の数である.10 進数の数値 19 は,2 進数表現では 5 ビットで 10011 と表されるが,BCD 符号を用いた表現では 10 の桁と 1 の桁の BCD 符号をつないで,0001 1001 のように表す.前半の 0001 は 10 の位の "1" 後半の 1001 は 1 の位の "9" を示している.BCD 加算器はそれぞれの桁を BCD 符号で表した 10 進数の加算を行うものである.

表 6.3　BCD 符号

数字	BCD 符号
0	0 0 0 0
1	0 0 0 1
2	0 0 1 0
3	0 0 1 1
4	0 1 0 0
5	0 1 0 1
6	0 1 1 0
7	0 1 1 1
8	1 0 0 0
9	1 0 0 1

2 BCD 加算

BCD 加算器は 2 進加算器を拡張して実現できる.BCD 符号で表された 1 桁の数値の加算を考えよう.単純な 2 進加算を行った結果を S としたとき,S の値によって次の 3 ケースが考えられる.

---

❶ $S \leq 9$

2+4=6 のように加算結果(0110)が BCD 符号の一員である場合.

❷ $9 < S \leq 15$

5+8=13 のように加算結果が 4 ビット 2 進数(1101)で表されるが,BCD 符号でない場合.

❸ $S \geq 16$

9+8=17 のように加算結果が 4 ビット 2 進数で表すことができない場合.

❷と❸の違いは，❷が 4 ビット 2 進加算器で最上位のビットからの桁上げがないのに対し，❸では桁上げが発生することである．この二つのケースでは，和は 2 桁の 10 進数になる．したがって，正しい 2 桁の BCD 符号になるように補正を行う処理が必要になる．

3 BCD 加算のアルゴリズム

❷の加算結果の例にあげた "1101"（10 進数で 13）に "0110"（10 進数の 6）を加えてみよう．2 進加算を行うと 5 ビットの 2 進数 "10011" が得られる．5 ビット目の "1" を 2 桁目（10 の位）の BCD 符号の最下位ビットとみれば，"0001 0011" すなわち BCD 符号で 13 となり正しい BCD 加算結果になる．

❸の例の場合はどうだろうか．S は 10001（10 進数の 17）になる．5 ビット目の "1" は 4 ビット目からの桁上げである．これを 2 桁目の BCD 符号の最下位ビットと考え，下 4 ビットに対して "0110" を加えてみる．その結果，"0001 0111" が得られる．これはまさに BCD 符号で表した 10 進数 17 である．

以上の例から一般的な BCD 加算のアルゴリズムを導くことができる．すなわち，

▶ 2 進加算結果が 9 以下の場合：
　→　そのまま BCD 加算結果とする．
▶ 2 進加算結果が 9 を超えた場合，あるいは 4 ビット目からの桁上げが発生した場合：
　→　結果の 4 ビットに，補正値の "0110" を加えた値を BCD 加算の 1 桁目（1 の位）の値とする．5 ビット目の "1" は 2 桁目（10 の位）への桁上げである．

補正値として "0110" を加える根拠は，4 ビットで表される 0000 から 1111 の 2 進数の中で BCD でないものが 1010〜1111 の 6 個あり，それらに 0110(6) を加えることで BCD 符号に回帰できることによる．

では，補正が必要か必要でないかを判断するにはどのようにすればよいだろうか．それは BCD 符号でないビットパターンを吟味すれば容易に判別できる．すなわち，次の条件 (a)〜(c) のいずれかが成立したときに補正が必要になる．

---

2 進加算結果で
(a) 2^3 ビットと 2^1 ビットが "11" である．
(b) 2^3 ビットと 2^2 ビットが "11" である．
(c) 4 ビット目からのキャリーが発生した．

以上のアルゴリズム基づいた BCD 加算器を**図 6.9** に示す．とくに，この図で補正

6.5 組み合わせ回路の設計

の条件を検出している部分，および 0110 を加えて補正を行っている部分の回路構成を理解してほしい．List-12 は図 6.9 の Verilog HDL 記述である．

```
//List-12
module  bcd_adder (a_in, b_in, bcd_sum, carry_out, dummy);
input   [3:0]   a_in, b_in;
output  [3:0]   bcd_sum;
output          carry_out, dummy;
wire    [3:0]   r_sum;
wire            c3;
wire            an1, an2, cry, d0, d1 ;
//
assign  bcd_sum[0] = r_sum[0];
assign  carry_out = cry;
assign  an1 = r_sum[1] & r_sum[3];
assign  an2 = r_sum[2] & r_sum[3];
assign
cry = c3 | an1 | an2;
//
ripple4adder  RPL4(.A(a_in), .B(b_in), .SUM(r_sum), .CRY3(c3));
halfadder     HA1(.A(r_sum[1]), .B(cry), .Y(bcd_sum[1]), .CO(d0));
fulladder     FA4(.A(r_sum[2]), .B(cry), .CIN(d0), .SUM(bcd_sum[2]), .COUT(d1));
halfadder     HA2(.A(d1), .B(r_sum[3]), .Y(bcd_sum[3]), .CO(dummy));
endmodule
```

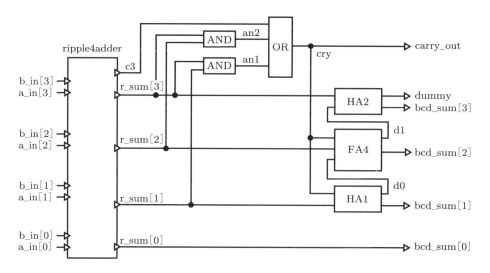

図 6.9　BCD 加算器のモジュール構造

図 6.10 に BCD 加算器のシミュレーション結果の例を示す．被加数と加数の組み合わせに対応して，和 S(1 の位) と 10 の位への桁上げ CARRY が正しく出ていることが確認できる．

```
-------------- シミュレーションを開始します. --------------------
         0              X = 0    Y = 0    CARRY = 0    S = 0
        50              X = 3    Y = 5    CARRY = 0    S = 8
       100              X = 6    Y = 3    CARRY = 0    S = 9
       150              X = 4    Y = 7    CARRY = 1    S = 1
       200              X = 8    Y = 2    CARRY = 1    S = 0
       250              X = 9    Y = 9    CARRY = 1    S = 8
       300              X = 7    Y = 6    CARRY = 1    S = 3
Info: $finish コマンドを実行します. time = 350

------------ シミュレーションを終了します. time = 350 -------------
```

図 6.10　BCD 加算器のシミュレーション結果

6.6　順序回路の設計

　順序回路は，出力がそのときの入力と，その時点の回路の内部状態で決まる回路のことである．そして，出力とともに内部状態は変化する．状態が変わってゆくことを「状態が遷移する」という．一般に，順序回路はクロック信号という一定の時間間隔で印加されるパルス信号にあわせて動作する．これを**クロック同期**という．クロック信号のタイミングとは関係なく独立に回路が動作することを**クロック非同期**という．

　以下では順序回路の簡単な例として，はじめに 2 進カウンタの記述とそのシミュレーションの結果を示す．次いで，もう少し複雑な例としてシフトレジスタをとりあげる．

2 進カウンタ

　2 進カウンタはクロック信号にタイミングを合わせて 2 進数で値を計数してゆく回路である．1 ずつ加算してゆくカウンタをアップカウンタ，1 ずつ減算してゆくカウンタをダウンカウンタという．一般にカウンタはフリップフロップを接続して作られる．フリップフロップは 1 ビットの記憶素子であり，いろいろなタイプのものがあるが，ここでは具体的な説明には立ち入らない．使用するフリップフロップのタイプによって 2 進カウンタの構成にもいろいろなバリエーションがある．簡単な例として T フリップフロップを用いた 4 ビットの 2 進アップカウンタとその動作波形を図 6.11 に示す．

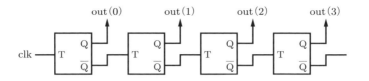

Tフリップは入力Tの立ち上がりで,出力がQ反転するフリップフロップである.

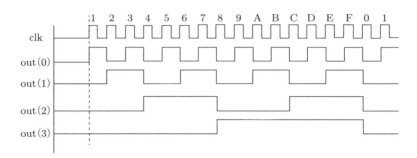

図6.11 Tフィリップフロップを用いた2進カウンタと動作波形

1 2進アップカウンタ

Verilog HDLでは図6.11を忠実にたどって2進カウンタを記述することができるが,通常はそのような方法はとらず,List-13に示すような動作レベル記述を用いた設計を行う.

```
// List-13
module  count_4r ( clk, nRST, result );
input   clk,   nRST ;
output  [3:0]     result ;

reg     [3:0]   q ;                         //*1
always  @(posedge  clk  or  negedge  nRST)  //*2
begin                                       //*3
        if(nRST==0)                         //*4
                begin
                q <= 0 ;                    //*5
                end
        else
                begin
                q <= q + 1 ;                //*6
                end
end                                         //*7
assign  result = q ;                        //*8
endmodule
```

この回路は4ビットの2進アップカウンタで，nRSTが"0"になったときクロック信号に関係なく（すなわち，非同期に）カウンタを0にクリアし，clk（クロック信号）が"0"から"1"になったとき+1のカウント動作を行う．コメント(//)をつけた文を中心に詳しくみてゆこう．

```
reg [3:0] q;    //*1
```

qという名前の信号が「4ビットのレジスタ信号（変数）」であることを宣言している．一般に，値を保持する信号はレジスタ宣言で定義する．順序回路で用いるフリップフロップ q[0], q[1], q[2], q[3] がこの宣言によってデビューしたと考えればよい．実際にどのようなフリップフロップになるかは論理合成システムに依存する．ここでは"フリップフロップ的なもの"と理解しておけばよい．

```
always @(posedge clk or negedge nRST)    //*2
```

順序回路に必ず用いる記述である．キーワードalwaysの後に続く@(…)をセンシティビティリストといい，( )内をイベント式という．イベント式とは，イベント，すなわち事象が発生したときに，「always @(…)」の次にある文を実行するための条件式のことである．単一の文でなく，複数の文を実行する場合にはそれらを begin ～ end で囲む．このような文（または文の連なり）を **always 文** という．「always @(…)」が always 文の先頭の記述になる．上の場合，*2～*7 が always 文になる．

@(posedge clk or negedge nRST)の，「posegde」,「negedge」はそれぞれ信号の立ち上がり（positive edge: "0"→"1"），立ち下がり（negative edge: "1"→"0"）を意味するキーワードである．イベントとして，"信号 clk が"0"から"1"に変化したとき，あるいは信号 nRST が"1"から"0"に変化したとき"に *3～*7 の文を順番に実行する．そして，最後の文まで実行した後は always 文の先頭（*2）まで戻って再びイベントの発生を待つ．always 文の構文を見ただけではそのような繰り返し動作をすることはうかがえないが，Verilog HDL の仕様として always 文はループ動作をするものであるということを理解してほしい．

//*4 から下 3 行の文

qをリセット（初期化）する動作を記述している．if 文の( )内の式，nRST==0 の"=="を等価演算子という．一般には，「信号 nRST が"0"ならば q にゼロをセットする」と解釈するが，厳密には「nRST==0 の評価値が"真"であれば，q にゼロをセットする」ということである．この if 文は，信号 nRST が"0"になったときだけでなく，clk が"1"になるたびに実行される．しかし，nRST が"1"であ

る間はqのリセットはなされない．この回路ではnRSTは，クロックとは無関係に（非同期に）low activeすなわち"0"のとき意味のある動作（リセット）をする仕様になっている．

```
q <= 0;    //*5
```

*5の記述で"<="は重要な意味をもっている．ここではreg信号qに値"0"を代入しているが，これまでいろいろなところで用いてきた"="ではなく，"<="という表現になっていることに注目してほしい．"<="を用いた代入のことをノンブロッキング代入(non-blocking assignment)という．reg信号への代入には"<="を用いるのが原則である．ちなみに，"="を用いた代入をブロッキング代入(blocking assignment)という．ブロッキング代入とノンブロッキング代入の違いは後で述べる．

*5の左辺の0を，4'b0000や1'h0と書いてもよい．前者はゼロを4ビット表示，後者は16進表示したものである．設計している回路のビット構成を意識するにはこれらの表現を用いるのが望ましい．

```
q <= q + 1;    //*6
```

qに1を加えて更新している．すなわちカウントアップ動作がここで行われている．qの更新はノンブロッキング代入である．

```
assign  result = q ;    //*8
```

reg信号qを出力ポートresultに接続していると解釈する．ここでresultはビット幅が4で，暗黙の内にワイヤー型（ネット型）と解釈されている．

assignで始まる文を継続的代入文ということはすでに述べた．assgin文の構文において，左辺はワイヤー型の信号でなければならない．ここにはレジスタ型は使えない．右辺は，一般に，論理式や演算子の結合を用いた組み合わせ回路の記述である．なお，右辺にレジスタ型の信号をもってきてもかまわない．*8はその一例である．assign文をalwaysブロックの中に書いてはならない．つねに接続され，変化に追従する信号はassign文で書くと理解しておけばよい．

2 テストベンチの例

モジュールcount_4rのテストベンチの例をList-14に示す．図6.12はそのシミュレーション結果の波形である．

```
// List-14
module   count_4r_tb ;
```

```
reg    clk,  nRST ;
wire   [3:0] RESULT ;
initial
    begin
        clk   <=  0 ;
        nRST  <=  0 ;
        #50    nRST  <=  1 ;
        #500   $finish ;
    end
initial
   $monitor("%t  %b  %b  %b" , $time, clk, nRST, RESULT );
always #5
    clk  <=  ~clk ;
    count_4r  inst_count_4r (clk, nRST, RESULT);
    endmodule
```

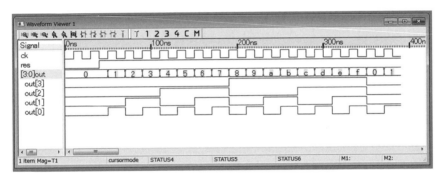

図6.12　4ビット2進カウンタのシミュレーション波形

　上のテストベンチでは二つの initial 文とひとつの always 文がある．これらは同時並列に実行されるが，すでに述べたように initial 文は1回限り，always 文は繰り返して実行される．はじめの initial 文では，クロック(clk)に"0"を代入(ノンブロッキング代入)し，非同期リセット信号(nRST)を"0"にしている．これによって，カウンタの内容がオールゼロに初期化される．次の行の「#50」は50タイムユニットの遅延を表している．すなわち50タイムユニット後に nRST を"1"にする．これによってリセットが解除になり，カウントがスタートする．そして500タイムユニット経過したところで $finish によってシミュレーションが停止する．initial 文は1回限りの実行であるから，以上の手続きでカウント動作の開始～終了が実現されることになる．

　「always　#5　clk <= ~clk ;」はクロック信号を発生させる場合に多く用いられる記述である．always 文は繰り返し実行であり，「#」は遅延を意味していることはすでに述べた．この二つから，この文は5タイムユニット経過するたびにクロックの

値を反転させている(clk <= ~clk)ことが理解できる．このクロック信号 clk がカウンタのインスタンス inst_count_4r に供給されカウント動作が実行されることになる．

　always 文や initial 文が begin ～ end で囲まれた複数行で構成されているとき，各行はそれが書かれている順に実行される．ちょうど，C 言語で書かれたプログラムの実行と同じと思えばよい．このようなブロックを手続き型ブロックということはすでに述べた．initial 文はシミュレーションのテストベンチの記述の際に多く用いられる．これに対し，alyaws 文はカウンタや後に述べるシフトレジスタの記述にあるように，基本的に順序回路の動作記述に用いる．実際には，always 文は組み合わせ回路の記述にも用いることができる．しかし，そのためにはいくつかの守るべき記述のルールがある．これらについては別の専門書に譲ることとし，本書では立ち入らない．

3 ブロッキング代入とノンブロッキング代入の違い

　さて，レジスタ信号に値をセット(代入)する場合，"="記号を用いるのと，"<="を用いる2通りの書き方があり，"="による代入をブロッキング代入，"<="による代入をノンブロッキング代入ということはすでに学んだ．この二つは回路の動作でどう違うのだろうか？

　ブロッキング代入("=")は，通常のプログラム言語のようにシーケンシャルな動作になるのに対し，ノンブロッキング代入("<=")を用いると並列性をもった動作を記述することができる．たとえば，ブロッキング代入の例として下記の文をみてみよう．a, b はともにレジスタ信号とする．

```
initial
begin
        a = 3;
        b = 5;
#10     a = b + 1;
        b = a + 2;
end
```

この場合，10 タイムユニットが経過した後の a, b は，a = 6, b = 8 となる．すなわち，a はもとの b の 5 に 1 が加わった 6 になり，b は新しい a に 2 が加わった 8 になる．

　一方，次のようにノンブロッキング代入で書いた場合 b は上と違った値になる．

```
initial
begin
        a <= 3;
        b <= 5;
#10     a <= b + 1;
        b <= a + 2;
end
```

この場合，10 タイムユニットが経過した後の a，b は，a = 6，b = 5 となる．これは，10 タイムユニットが経過する直前は a = 3，b = 5 であるので，10 タイムユニット後では b + 1 = 6，a + 2 = 5 となり，それらが a と b に代入されるため，a = 6，b = 5 となるのである．ノンブロッキング代入ではこのように並列性のある記述が可能となる．これは，ブロッキング代入文が「代入処理が終了して次の文を実行する」のに対し，ノンブロッキング代入文では「同時刻の代入文は，右辺を評価してから同時並列に代入する」というはたらきによるためである．

論理合成において一見，同じような記述でもブロッキング代入とノンブロッキング代入とでまったく異なる回路が合成されることがあるので注意が必要である．詳しくは参考文献(8，9，10)を参照されたい．順序回路では，記述の順序に動作が影響されないようにするためノンブロッキング代入を用いるのが原則である．

シフトレジスタ

シフトレジスタは，複数のフリップフロップを縦列(カスケード)接続した回路であり，データがその回路内を移動(シフト)していくように構成したものである．シフトレジスタはディジタル回路のいろいろなところで用いられる．たとえば，ネットワーク機器では 8 ビットや 16 ビットの文字情報を伝送するとき，1 ビットずつ伝送路にのせる必要がある．逆に，受信側ではネットワークから送られてきた 1 ビットずつの信号を，再び 8 ビットや 16 ビットのまとまりとして取り出す．このような操作を，パラレルシリアル変換(並列直列変換)その逆をシリアルパラレル変換(直列並列変換)とよぶ．シフトレジスタは，このような操作を行うときに用いられる．また，2 進数が格納されているレジスタで，1 ビット左にシフトし，もとのビットに 0 を書き込めば，値を 2 倍したことになる．この操作を n 回行えばもとの値の 2 の n 乗の値を得ることができる．反対方向にシフトすると 1/2，1/4，1/8 と値が小さくなる．さらに，乗算回路でもシフトレジスタは広く用いられている

List-15 に，16 ビットの双方向シフトレジスタ bshift16 の Verilog HDL 記述を示す．図 6.13 は bshift16 のモジュールの外観である．このモジュールは次の機能をもつ．

- ▶ 16 ビットの初期データを s_indata[15:0] に入力する．
- ▶ シフト量を 4 ビット値で s_num[3:0] に入力する．
- ▶ シフト方向を dir で指定する．"0" で左シフト，"1" で右シフトとする．
- ▶ preset が "1" になると s_indata[15:0] のデータをシフトレジスタ shift_reg にセットする．
- ▶ shift_go が "1" になるとシフト動作を開始する．s_num[3:0] で与えたシフト量だけシフトをするとシフト動作を終了する．

- シフト動作が終了すると s_finish を"1"にする.
- シフトレジスタの内容を s_out[15:0]に出力する.
- nRST は非同期リセット信号である. 立ち下がりでシフトレジスタ,および動作に関連する reg 信号を初期化する.

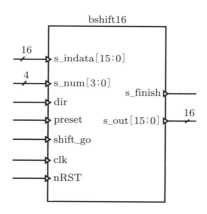

図6.13　双方向シフトレジスタモジュール

```
// List-15
module bshift16 (clk, nRST, preset, shift_go, dir, s_num, s_indata, s_
             out, s_finish);
// ポート宣言
   input  clk, nRST, preset, shift_go, dir;
   input  [3:0]   s_num;
   input  [15:0]  s_indata;
   output [15:0]  s_out;
   output s_finish;
   reg    s_finish;
// 内部信号
reg   [15:0]    shift_reg;
reg   [3:0]     count;
reg   s_busy;

always @(posedge shift_go)
     begin     s_busy <= 1'b1;   end

always @( posedge clk  or negedge nRST)
     begin
         if(nRST == 1'b0)
              begin
                shift_reg <=  16'b0000_0000_0000_0000;
                count <= 4'b0000;
                s_finish <= 1'b0;
                s_busy <= 1'b0;
```

```verilog
                end
            else
                if(preset == 1'b1)
                  begin
                    shift_reg  <= s_indata;
                    count <= s_num;
                  end
                else
                  if((s_busy == 1'b1) & (count >= 1 ))
                    begin
                    shift_reg<=(dir==1'b0)? shift_reg<<1 : shift_reg>>1;
                    count <= count-1;
                    end
                  else
                    if((s_busy == 1'b1) & ( count == 0))
                      begin
                      s_finish <= 1'b1;
                      s_busy <= 1'b0;
                      end
        end
    assign  s_out =  shift_reg;
endmodule
```

List-15 で要点となるところをみてゆこう．内部信号 count は 4 ビットの reg 変数である．preset が "1" になると，ここに s_num の値，すなわちシフト回数がセットされる．count は 1 回シフト動作をするたびに −1 される．これはループカウンタのはたらきをしている．また，preset が "1" のとき，初期データ s_indata [15:0] がシフトレジスタ shift_reg にセットされる．s_busy はシフト動作フラグである．シフト開始信号 shift_go が "1" になった時点 "1" にセットされ，シフト中は "1" を保持している．シフトが 1 回なされるたびに count は 1 だけ減じられるから，s_busy が "1" で，かつ count が "0" の条件が成立した時点でシフトを終了する．このとき，シフト動作フラグ s_busy を "0" にリセットし，シフト終了信号 s_finish を "1" にセットする．

shift_reg <= (dir == 1'b0)? shift_reg << 1 : shift_reg >> 1; は条件演算子をともなったノンブロッキング代入文である．dir が "0" なら shift_reg <= shift_reg << 1 が実行される．この結果，1 ビット左にシフト (shift_reg << 1) したものが新しいシフトレジスタの内容になる．dir が "1" なら shift_reg <= shift_reg >> 1 により，右シフトがなされる．

継続的代入文 assign s_out = shift_reg; によってシフトレジスタの内容が s_out として出力される．

二つの always 文は並列に実行される．
always @(posedge shift_go) begin s_busy <= 1'b1; end
は繰り返して実行されるが，正常な回路動作では shift_go が"1"になるのは1度だけであり，s_busy が多重に"1"で上書きされることはない．

List-15 のテストベンチの記述例を List-16 に示す．

```
//List-16
module    bshift16_tb;
reg       CLK, NRST, PRESET, DIR;
reg       SHIFT_GO;
reg       [15:0] S_INDATA;
reg       [3:0] S_NUM;
wire      [15:0] SH_DATA;
wire      SH_FINISH;
//
bshift16  inst_bshift16 (.clk(CLK), .nRST(NRST),
                         .preset(PRESET), .dir(DIR), .s_num(S_NUM),
                         .shift_go(SHIFT_GO), .s_indata(S_INDATA),
                         .s_out(SH_DATA), .s_finish(SH_FINISH));

always #5
        begin
        CLK <= ~CLK;
        end
//
initial
begin
        CLK <=1'b1; NRST  <=1'b1; PRESET <=1'b0; SHIFT_GO <=1'b0;
//Stage-1
#20     NRST <=1'b0;
#20     NRST <=1'b1;
#30     S_INDATA <=16'b0101_1001_1011_0101; S_NUM <=4'b0111; DIR <=1'b0;

#20     PRESET <=1'b1;
#20     PRESET <=1'b0;

#10     SHIFT_GO <=1'b1;
#20     SHIFT_GO <=1'b0;

//Stage-2
#100    NRST <=1'b0;
#20     NRST <=1'b1;

#30     S_INDATA <=16'b1101_0100_1100_0110; S_NUM <=4'b100; DIR <=1'b1;

#20     PRESET <=1'b1;
#20     PRESET <=1'b0;
```

```
#10        SHIFT_GO <=1'b1;
#20        SHIFT_GO <=1'b0;

#100       $finish;
end
endmodule
```

このテストベンチにおける信号の時系列変化は以下のとおりである．
▶ クロック(CLK)を"1"，非同期リセット信号(NRST)を"1"，プリセット(PRESET)とシフト開始信号(SHIFT_GO)を"0"にしてシミュレーションStage-1を開始する．
▶ 20タイムユニット後にNRSTを"0"にする．この時点で回路の初期化がなされる．
▶ 20タイムユニット後(シミュレーションスタートから40タイムユニット経過)にNRSTを"1"に戻す．
▶ 30タイムユニット後(スタートから70タイムユニット経過後)にシフトレジスタに与える初期値，シフト量，シフト方向をS_INDATA, S_NUM,DIRにセットする．
▶ 20タイムユニット後(開始から90タイムユニット経過後)にPRESETを"1"にする．ここで，count，シフトレジスタshift_regに初期値がセットされる．20タイムユニットだけPRESETを1に保ったあと"0"に戻す．
▶ そして10タイムユニット後にシフト開始信号(SHIFT_GO)を"1"にする．シミュレーションスタートからちょうど120タイムユニットが経過している．この時点でシフト動作がスタートする．セットしたシフト量だけシフトが進んだ時点でシフト終了信号出力されシフト動作は停止する．ここで回路は定常状態を保持する．
▶ スタートから240タイムユニット経過した時点でNRSTを"0"にして全体をリセットし，Stage-2のデータでシフトのシミュレーションを続ける．(以下，省略)

図 6.14 は List-16 のテストベンチを用いてシミュレーションを行ったときのタイムチャートである．図からシフト動作が上で述べた正しいタイミングで行われていることが確認できる．

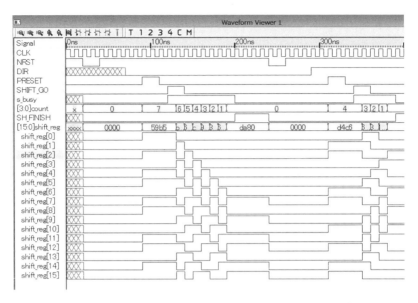

図6.14 16ビット双方向シフトレジスタのシミュレーション波形

状態遷移図

順序回路は，先に述べたように時間とともに回路の内部状態が変化してゆく．入力と出力および状態の変遷の関係を表すには**状態遷移図**を用いるのがよい．状態遷移図をベースにVerilog HDLを記述することで，回路動作が俯瞰でき全体を把握しやすくなる．

簡単な状態遷移図の例を**図6.15**に示す．これは4ビットの2進ダウンカウンタの動作状態を表している．「アイドリング」，「スタンバイ(待機)」，「カウントダウン」，「終了」の四つの状態が"●"で，状態の遷移が矢印をつけた"弧"で示されている．"弧"に付けられたボックスには上段に遷移するための条件(イベント)，下段に実行する処理が書かれている．たとえば，アイドリング状態でready信号が"1"になると，カウンタに初期値を設定しスタンバイ状態に遷移する．イベントがない場合は自分自身に戻る"弧"となっている．

Verilog HDLには状態遷移に則した記述としてcase文がある．case文のスタイルはC言語case文のそれと似ている．List-17に図6.15に対応したVerilog HDL記述を示す．ここでは，四つの状態を表す変数としてreg変数"Mode"を用いている．parameter文によって，状態C_idle(アイドリング)に"00"，C_ready(スタンバイ)に"01"，C_busy(カウントダウン)に"10"，C_finish(終了)に"11"を割り当て，これらを変数Modeに代入することで現在の状態が表される．ダウンカウンタはreg変数"COUNTER"で定義している．先に示したアップカウンタではalways文の中でカウ

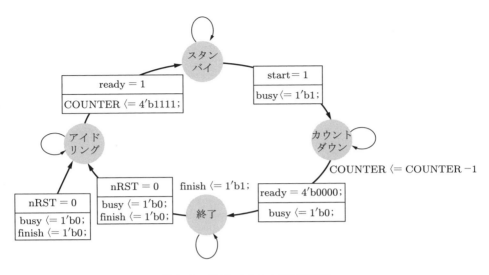

図 6.15 ダウンカウンタの状態遷移

ンタを「+1」していた．4 ビットダウンカウンタでは初期値を 4'b1111 にしておいて，クロックごとに「-1」（COUNTER <= COUNTER-1;）してゆけばよい．図 6.15 を参照しながら List-17 を読めば，動作の全体は容易に理解できるであろう．

```
// List-17  4ビットダウンカウンタ
module down4counter( clk, nRST, ready, start, finish );
//ポート宣言
input           clk;            // クロック
input           nRST;           // 非同期リセット(low active)
input           ready;          // カウンタ初期値設定
input           start;          // カウントダウン開始
output          finish;         // 終了フラグ
reg             finish;
// 内部信号
reg     [3:0]   COUNTER;        // 4ビットダウンカウンタ
reg             busy;           // ビジー(カウントダウン実行中)フラグ
reg     [1:0]   Mode;           // 動作モード(状態)変数
// 内部状態の表現
parameter       [1:0]   C_idle   = 2'b00;
parameter       [1:0]   C_ready  = 2'b01;
parameter       [1:0]   C_busy   = 2'b10;
parameter       [1:0]   C_finish = 2'b11;

always @(posedge clk or negedge nRST)
begin
        if(nRST == 1'b0)
            begin
```

```
                    finish   <= 1'b0;
                    busy     <= 1'b0;
                    Mode     <= C_idle;    //アイドリングモードに遷移
                    end

            else
//State
            case(Mode)
            C_idle:  begin
                        if(ready == 1'b1)
                            begin
                            COUNTER <= 4'b1111;     //初期値設定
                            Mode    <= C_ready;     //スタンバイモードに遷移
                            end
                    end
            C_ready: begin
                        if(start == 1'b1)
                            begin
                            busy <= 1'b1;       //ビジーフラグセット
                            Mode <= C_busy;     //カウントダウンモードに遷移
                            end
                    end

            C_busy:  begin
                        if(COUNTER == 4'b0000)
                            begin
                            busy <= 1'b0;       //ビジーフラグリセット
                            Mode <= C_finish;   //終了モードに遷移
                            end
                        else
                            COUNTER <= COUNTER-1;   //カウントダウン
                    end

            C_finish: begin
                        finish <=1'b1;          //終了フラグセット
                      end

            default:  Mode <= C_idle;
            endcase
end
endmodule
```

図6.16にシミュレーション結果の波形を示す．図から期待どおりのカウント動作と状態の遷移がなされていることが読み取れる．

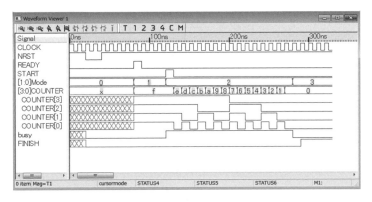

図 6.16　ダウンカウンタのシミュレーション波形

6.7　FPGA を用いた LSI の開発

　第 5 章のはじめで，設計者がシリコンファウンドリーを経由せずに LSI を開発する「設計者完結型」の開発スタイルでは，LSI としてプログラマブルロジックデバイス，とくに FPGA が用いられることを学んだ．Verilog HDL などのハードウェア記述言語を用いて手軽に論理設計ができるようになり，FPGA に論理を実装するソフトウェアツールが整備されたことから，FPGA を用いた LSI の開発がますます盛んになってきている．以下に，FPGA とはどんなものかについて，その概要をみてゆく．

FPGA の構造

　プログラマブル（プログラム可能）とはどういうことであろうか．それは，LSI の外部から内部の論理の構成を自由に変更できるということである．スタンダードセル方式やゲートアレイ方式で作られた ASIC は，いったん完成してしまうと内部の論理に手を加えることはできない．これに対して，プログラマブルタイプの LSI では外部から論理を変更できる．このため，仕様の変更にともなう回路の変更や，設計ミスの修正などが容易にできるという利点がある．では，どのようにすれば LSI をプログラムすることができるのか，そのしくみの概要を以下に示す．

1　論理をプログラムするしくみ

　図 6.17 は論理をプログラムする基本を表したものである．実際の FPGA とは違う構造になっているがプログラム化の概念を理解するにはこれで十分である．図には 4 ビットの記憶素子と各ビットからひとつを選択して 1 ビットの出力とするセレクタがある．ここでは，四つの記憶素子を「M パート」，その各ビットを上から順に M0，M1，M2，M3 とよぶことにする．4 ビットのセレクタなので，選択信号は 2 ビット必要である．選択信号を (a, b) としたとき (0, 0) で M0，(0, 1) で M1，(1, 0) で M2，

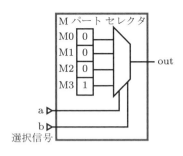

図 6.17 ロジックユニット

(1, 1)で M3 が出力されるものとする．このブロックをロジックユニットとよぶことにする．

いま，(M0, M1, M2, M3)に(0, 0, 0, 1)が記憶されているとしよう．このとき，選択信号(a, b)の組み合わせでロジックユニットから"1"が出力されるのは M3 が選択されたとき，すなわち(a, b) = (1, 1)の場合に限られる．それ以外の組み合わせではすべて"0"が出力される．これは，このロジックユニットが，選択信号を入力とする AND (論理積)ゲートとして機能していることにほかならない．同様の考察から，(M0, M1, M2, M3) = (0, 1, 1, 1)ではロジックユニットは OR(論理和)ゲートになる．

したがって，何らかの方法で M パートにしかるべき"0, 1"情報を書き込むことによって，ロジックユニットを特定の論理ゲートとして機能させることができることになる．図 6.18 はこのロジックユニットを三つ接続したものである．各ロジックユニットの M0 〜 M3 の値をみれば，図 6.18 は OUT = (A & B)|(C ^ D)という論理回路を実現していることが理解できる．

2 配線接続をプログラムするしくみ

図 6.18 ではロジックユニットどうしの接続を固定している．しかし，これではプログラマブルロジックデバイスとしては不完全である．接続自体もプログラマブルでなければ，本当の「プログラマブル」とはいえない．では，接続をプログラマブルにするにはどのようにすればいいのだろうか．それには，MOS トランジスタのスイッチ機能を用いればよい(第 3 章 3.1 参照)．

nMOS トランジスタはゲートに正電圧(論理値"1")が与えられるとソース・ドレイン間が導通(オン)し，ゼロ電圧(論理値"0")になると非導通(オフ)になる．ゲートに与える論理値でオン／オフを切り替えることができる．これを利用することで配線経路をプログラムすることができる．図 6.19 でそのしくみを説明しよう．

図で横方向の配線 a1, a2, a3 はメタル第 1 層，縦方向の配線 b1, b2, b3 はメタル第 2 層にあるとする．縦横の交点には nMOS トランジスタがあり，ソースがメタル第 1 層にドレインがメタル第 2 層に接続しているとする(逆であってもかまわない)．

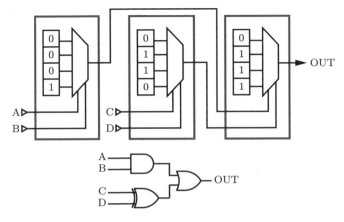

図 6.18　ロジックユニットの接続

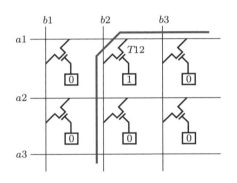

図 6.19　クロスポイントスイッチ

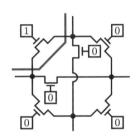

図 6.20　スイッチボックス

二つのメタル層は層間絶縁膜で絶縁されている．いま，図にあるようにトランジスタ T12 のゲートに論理値"1"，それ以外のトランジスタのゲートに論理値"0"が与えられているとする．この状態では，T12 だけがオン，それ以外のトランジスタはオフである．この結果，図に示すように配線 a1 と配線 b2 が T12 を介して接続されたことになる．T12 のゲートを"0"にすると配線 a1 と配線 b2 はもとの接続されない状態に戻る．このように，各トランジスタのゲート端子に与える論理値を変えることで縦・横ラインの接続状況を変えることができる．図 6.20 はこれをさらに複雑にしたスイッチボックスの構造を示したものである．図にあるように，ゲートに与える論理値の組み合わせで 6 通りの配線経路の切り替えができることは容易に理解できる．

3 実際の姿

以上述べたロジックユニットの M パート，およびスイッチボックスの MOS トランジスタのゲートに与える"0,1"の論理情報を記憶しておき，これらを読み出して FPGA の各部に与えるしくみを組み込んでおくことで，目的に応じた論理 LSI を実

現することができる．さらに，記憶の内容を変えることで，同じチップを別の機能もった LSI に変身させることが可能である．以上が「プログラマブル」の概念である．

実際の FPGA ではロジックユニットに相当するブロックを"ロジックエレメント(Logic Element：LE)"と称している．また，M パートとして説明した記憶素子とセレクタの部分は SRAM(Static Random Access Memory)で実現している．これをルックアップテーブル(Look-Up Table：LUT)とよぶ．図 6.21 にロジックエレメントの原理的な構成を示す．入力 A, B をアドレス信号に見たてて，アドレス 0 ～アドレス 3 のそれぞれに応じた出力値を SRAM のデータ部に書き込んでおく．これによって，入力の組み合わせに対応した値がメモリから読み出されることになる．図の場合，このロジックエレメントは 2 入力 NAND ゲートとして機能することがわかる．さらにロジックエレメントには LUT からの出力を保持する 1 ビットのレジスタ(ラッチ)が内蔵されており，システムクロックに同期したタイミングでデータが出力されるようになっている．なお，説明ではアドレス(入力信号)を 2 ビットとしたが，実際の FPGA ではアドレスを 4 ビットとする構成が多い．このようなロジックエレメントが FPGA の全面にアレイ状に配置されており，これらをプログラムした配線で接続することで目的の論理 LSI を実現する．

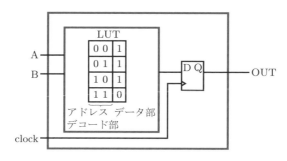

図 6.21　ロジックエレメントの構造

FPGA の用途

FPGA の大きな特徴は，プログラマブル，すなわち何度でも内部の論理を変更できる点にある．この特徴を生かした FPGA のいろいろな利用形態が考えられている．以下にそれらの例を紹介する．

1 プロトタイプ開発

電子装置の開発において，はじめから量産向けに標準セル方式やゲートアレイ方式の ASIC を開発するのはいろいろなリスクをともなう．たとえば，仕様の変更や論理設計の誤りのため，せっかく開発した ASIC が不用品になってしまうことがある．

また，装置の性能が低い，あるいは，機能的に不完全など，いろいろな不具合が予想される．そこで実際に試作機（プロトタイプ）を作り，十分に評価を行ってから量産向けの製品開発に着手するという段階的な開発方法がとられる．FPGAは内部の論理を変えることが簡単にできるため，繰り返して評価することが可能であり，プロトタイプの開発に非常に適したLSIである．

2 論理エミュレータ

論理設計のミスを防ぐ点で，論理シミュレーションが不可欠であることはいうまでもない．一方，論理シミュレーションはコンピュータのソフトウェアで実行するため，大規模な論理回路に対してはシミュレーション時間が大きくなるという問題がある．そこで，検証対象となる論理回路をFPGAにマッピングし，開発中のLSIの論理回路と搭載ソフトウェアを同時に協調動作させてデバッグを行うという機能をもった装置が製品化されている．このような装置を論理エミュレータとよんでいる．

3 ハードウェアアクセラレータ

さらに，FPGAを搭載したボードをパソコンのPCIスロットに装着し，ソフトウェアと連動する汎用のハードウェアアクセラレータが製品化されている．ソフトウェアは逐次処理のため並列動作はできない．そこで，ソフトウェア処理で時間がかかる部分だけを取り出し，FPGA上で並列動作をするハードウェアに置き換えてプログラムと連動させることで全体の高速化を図る．そのためのC言語から直接HDLを生成するシステムも開発されている．

4 カスタマイズしたシステムLSI

最近，FPGAの高機能化が進み，マイクロプロセッサやディジタル信号処理機能を搭載したFPGAが出現してきている．また，最先端のプロセス技術で作られたFPGAではロジックエレメント数が数十万個近くに達している．これは，ゲート数に換算すれば数百万ゲートを超える規模になる．ここまでくればFPGAは単なるプロトタイプ開発用のLSIの枠を超え，それ自体がシステムLSIの実現手段としての地位をもつことになる．実際，医療機器や産業機器のように，顧客ごとに仕様を変えて納入するカスタム製品にFPGAが用いられたり，仕様のアップデートが高い頻度でなされるネットワーク機器や画像・映像信号処理装置に多く用いられるようになってきている．FPGAは今後とも電子装置における論理LSIとしての重要な一翼を担ってゆくものと思われる．

以上，本章では代表的なハードウェア記述言語のひとつであるVerilog HDLと，近年LSIの開発で広く用いられてきているFPGAについて述べた．ここで学んだ内容はこれらのごく基礎的な部分である．さらに広くVerilog HDLを習得し実際のLSIの設計に利用するには，ほかの専門書を併せて読み理解を深めてゆくことが大切である．

第 6 章のまとめ

1. 論理回路には出力がそのときの入力の値のみで決まる組み合わせ回路と，出力がそのときの入力と，その時点の回路の内部状態で決まる順序回路がある．

2. Verilog HDL を用いた論理回路の設計ではモジュールを単位として回路の記述を行い，機能をモジュールとしてまとめてゆく．モジュールには階層構造をもたせることができる．

3. モジュールはキーワード module で始まり，endmodule で終わる．モジュールには，モジュール名とポートリスト，内部信号などの宣言や回路の動作を記述する文が含まれる．

4. モジュールの信号には，ワイヤー宣言で定義される信号と，レジスタ宣言で定義される信号がある．ワイヤー信号は，回路の動作に即応して常時，値を伝搬し続ける信号であり，レジスタ宣言で定義した信号はフリップフロップの出力のように値が保持される信号である．

5. Verilog HDL では，設計した論理回路記述に対応してそれぞれシミュレーション実行のためのモジュールを用意する．このモジュールは検証対象となるモジュールに対して上位の階層に位置づけられる．

6. Verilog HDL では回路をいろいろなスタイルで表現することができる．ゲートレベルの記述ではゲートの接続によって回路の構造を記述する．機能レベルの記述ではデータの流れに着目して回路を論理式で記述する．動作レベル記述では，C 言語に似た if 文や case 文などを用い，回路の動作をそのまま記述する．

7. ファンクションは予約語 function で始まり endfunction で終わる．ファンクションでは if〜else 文や，case 文が使用できるため，複雑な組み合わせ回路を記述するときに役に立つ．

8. ハーフアダーは加算器の基本要素であり，1 個の排他的論理和，と 1 個の論理積で構成される．

9. フルアダーは，1 ビットの被加数，加数，および下位桁からの桁上げの加算を行い，和と上位への桁上げ信号を出力する．フルアダーは 2 個のハーフアダーと，1 個の OR ゲートで構成できる．

10. 子階層として呼び出されたモジュールをインスタンスという．インスタンスに回路構成上，固有の名称をつける．この名前をインスタンス名という．

11. 1 個のハーフアダーと 3 個のフルアダーを縦続に接続すると 4 ビットの 2 進加算器ができる．この加算器は下位の桁上げ信号が上の桁に順次伝わっていくことから桁上げ伝搬加算器(リップルキャリーアダー)とよばれる．

12. 4 ビットで表される 0〜9 の数字だけを用いて数値を表すときに用いる符号を BCD 符号という．BCD 符号は 2 進化 10 進符号ともよばれる．

13. BCD 符号を用いた加算器を BCD 加算器という．加算した結果が BCD 符号からはずれる場合には，補正値として "0110" を加える補正が必要になる．

14 順序回路はクロック信号という一定の時間間隔で印加されるパルス信号にあわせて動作する．これをクロック同期という．

15 順序回路の記述には always 文を用いる．always の後に続く（ ）内の記述をイベント式という．イベント式は，以下にある文を実行するための条件式のことである．単一の文でなく，複数の文を実行する場合にはそれらを begin 〜 end で囲む．

16 always 文の begin 〜 end で囲まれた各行は，それが書かれている順に実行される．最後の文まで実行した後は always 文の先頭に戻ってイベントの発生を待つというループ動作をする．

17 always 文のように，順序立てて実行するブロックを手続き型ブロックという．手続き型ブロックにはほかに，initial 文がある．initial 文はシミュレーションの記述で多く用いられる．

18 信号に値をセットするには，"="を用いたブロッキング代入と"<="を用いたノンブロッキング代入という2通りの記述スタイルがある．レジスタ信号への代入にはノンブロッキング代入を用いるのが原則である．

19 つねに接続され，変化に追従する信号に値をセットする場合には assign 文を用いる．assign で始まる文を継続的代入文という．assgin 文では，左辺はワイヤー型の信号でなければならない．

20 順序回路の入力と出力および状態の変遷の関係を表すには状態遷移図を用いるとよい．状態遷移図をベースに Verilog HDL を記述することで，回路動作が俯瞰でき全体を把握しやすくなる．

21 FPGA はロジックエレメントという可変の論理ブロックと，接続経路を任意に切り替えることができるスイッチボックスがアレイ状に並んだ構成をしている．

22 ロジックエレメントは入力をアドレス信号に見たてて，対応するアドレスある論理値を出力するはたらきをする．これらの情報をまとめたものはルックアップテーブルとよばれ，SRAM に書かれている．

23 FPGA では，縦配線と横配線の交点に置いた nMOS トランジスタのソースとドレインをそれぞれ縦ライン，横ラインに接続しておき，ゲートに与えた正電圧(論理値"1")，ゼロ電圧(論理値"0")によってトランジスタのオン／オフを切り替えることで，縦・横ラインの接続・非接続を実現している．

演習問題 6

6.1 1ビットのフルアダーの Verilog HDL 記述を 6.5 節の式(6.1)，(6.2)を用いて行え．

6.2 8ビットの2進数の「2の補数」を生成する回路を Verilog HDL で記述せよ．2の補数は，もとの2進数の各ビットの"0,1"を反転し，最下位ビットに1を加えると得られる．これには8個のインバータと8個のハーフアダー(6.5 節 List-8)を用いればよい．なお，ハーフアダーはモジュール halfadder として定義されており，これを呼び出して使用する

ものとする．

6.3 2ビットの入力に対応して4ビットのビットパターンを出力するデコーダDEC4をファンクションを用いて記述せよ．ファンクション名は dec とし，入力と出力のビットパターンの対応は下記のとおりとする．

```
入力        出力
--------------------
00          0001
01          0010
10          0100
11          1000
--------------------
```

6.4 発展課題　正の2進数 X を10倍する方法として，X を8倍したものと X を2倍したものを加え合わせる方法がある．X を8倍するには1ビット左シフトを3回行えばよい．2倍するには左シフトを1回すればよい．1回のシフトを1クロックで実行するとすれば，3クロックで X の10倍値を得ることができる．

下記は，この原理を用いて，4ビットの正の2進数を10倍する回路を Verilog HDL で記述したものの一部である．ここにはモジュール名(mult10)とポートリスト，ポート宣言のみが書かれている．このあとに適正な記述を追加して全体を完成させよ．なお，ポートリストにある各信号は以下の意味をもっている．

(1) clk：クロック信号．
(2) nRST：非同期リセット信号．この信号の立ち下がりで回路全体が初期化される．
(3) in_data：入力となる4ビットの正の2進数．
(4) m_go："1"で10倍演算を開始する．
(5) out_data：10倍値がこの信号に出力される．8ビットの wire 信号．
(6) m_finish：10倍値が確定したことを示すフラグ信号．reg 信号．

```
//10倍演算モジュール
module    mult10   (clk, nRST, in_data, m_go, out_data, m_finish);
input             clk,   nRST;
input     [3:0]   in_data;
input             m_go;
output    [7:0]   out_data;
output            m_finish;
reg               m_finish;
//
```

7 LSI のこれから

　LSI の微細化によってチップの集積度は 15 年で 1000 倍といった驚異的なスピードで進化してきた．そのおかげで，現在，われわれはパーソナル用途の高機能情報家電をあたり前のように使うことができる．

　今後は，よりいっそうのハード面の進歩に加えて，ネットワークを中心としたソフト面の進歩も充実していくことが予想されている．さらには，情報家電にとどまらず，バイオや医療，セキュリティ，自動車，ホームネットワークなど，アプリケーションが爆発的に広がっていくことも予想される．本章では，未来の LSI 像についてみていく．

7.1 未来のトランジスタデバイス

　LSI は，プレーナー型や MOS 型といわれる現在の LSI の基本構造を保ちつつ，驚異的な微細化の進化をとげたことを第 1 章で述べた．今後の微細化について，ムーアの法則(1.2 節参照)によると今後約 10 年はやはり同じように微細化が進展すると予想されているが，その際，トランジスタや配線の構造や材質には，大きな変化が取り入れられていかなければならない．以下，デバイスの微細化に必要な技術について，いくつか紹介しよう．

ゲート構造の進化

　未来のトランジスタでは，微細化とともにゲート絶縁膜が薄くなる．また，絶縁膜の電界強度の増加を抑えるため，電源電圧が低下する．それにともない，トランジスタのソース-ドレイン間の電流値が低下するため，現在の単ゲート型の構造では，トランジスタのスイッチングスピードが遅くならざるを得ない．

　このような問題に対して，ソース-ドレイン間電流を制御するゲートを複数個準備

し，ソース-ドレイン間の電流値を十分に確保できるようにする方法が考えられている．それは，1個のトランジスタにゲートを2個設けるデュアルゲート構造や，3個設けるトライゲート構造である(**図7.1**)．また，現時点では実現性が困難であるが，カーボンナノチューブの表面コーティング技術を用いた，筒型構造のトランジスタなども提案されている(**図7.2**)．さらには，電子1個で動作するトランジスタ(単電子トランジスタ)も研究されている．

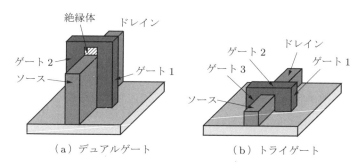

図7.1　ゲート構造の進化

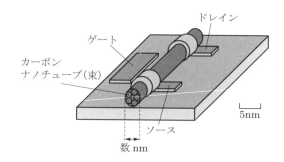

図7.2　カーボンナノチューブを用いた円筒型トランジスタ

ゲート絶縁膜の改良

　ゲート絶縁膜が極度に薄くなると，ゲートから絶縁膜を電子が突き抜けてしまう，トンネル効果とよばれる現象が起こりやすくなる．これをゲートリークとよび，待機時の消費電力増大の問題を引き起こす．ゲートリークを抑制するためには，ゲート絶縁膜の比誘電率を大きくすればよい．ゲート絶縁膜の材料として，誘電率の高いHigh-K[1]材料を用いる研究がされている．

---

1) High-K材料としては，一般的には，ハフニウムやアルミニウムを含む酸化物などが用いられるが，次々に新材料が研究されている．

微細化により，配線の断面積は減少するので，配線を流れる電流への抵抗（配線抵抗）が増加する．さらに，平行する配線間の距離が短くなること，および，配線絶縁膜が薄くなることにより，配線間容量と配線基板間容量が増加する．信号の遅延は，配線抵抗と配線容量の積に比例するので，これらの相乗効果により，回路のスピードが低下するという問題が生じる．

　配線に用いる材料は，より低抵抗なものが研究されている．さらに，配線間の絶縁材料は，より誘電率の低いLow-K材料とよばれる材料の研究が進んでいる．

　以上はほんの一例であるが，LSIのデバイスを構成する材料研究と加工技術に関するイノベーションが日々繰り返されることによって，未来の電子デバイスの性能が支えられる．

　以上，未来のさらなる微細化を支える技術について述べたが，図7.3に示すように未来は微細化以外に 別の方向への発展も予想されている．回路を小さくすることによって，センサーやアクチュエーターなどの超小型機械（マイクロマシン）との結合による新たな価値創造が期待されている．これらを総合的に小型化することによって，通信機能をもつ極低電力のセンサーデバイスが実現できる．トリリオン（1兆個）のデバイスが世の中に浸透し，それらがインターネットと通信をしながら，機械学習などの高度な統計技術を用いた知的情報処理が行われる．これらを総称してIoT（Internet of Things）ともいう．動作のための電源は自然界の風や振動，熱などの微弱エネルギーも活用できるようになる．一例としては，農作物や家畜の健康管理，トンネルや橋などのインフラの劣化管理，地震や地滑りなどの自然災害予測，さらには，自動車の省エネルギー化のための交通制御や電気自動車の最適充電など，社会を知的化するためのさまざまな革新に用いられることが期待されている．また，人体の毎日の健康管理が自動車のハンドルやドアに設置されたセンサーとネットワークによりきめ細や

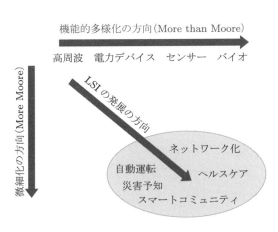

図7.3　LSIの発展の方向

7.1　未来のトランジスタデバイス

かに行われる夢の時代を迎える．

有機型トランジスタ

LSIの発展方向を示すひとつの例として，圧力によって抵抗値が変わることを利用し，ロボットの皮膚として用いる触感センサとして有望視されている**有機トランジスタ**がある．

いままで，LSIは人間の頭脳の置き換えとして進化してきたといえる．しかし，これからは，触感や視覚などの人間の神経に代わる機能をもつものも充実してくることが予想されている．

また，家庭やオフィスで用いられるインクジェットプリンタで有機物を紙に印刷することによって，トランジスタの回路を実現する方法も研究されている（**図7.4**）．従来，非常に専門化された高価な機械と工場でしかLSIを作ることができなかったが，家庭やオフィスでも簡単に集積回路を作ることができるということも，新たな可能性を見出すものである．プログラムを書くように手軽に専用回路を作り，実験を行うことも可能になるかもしれない．

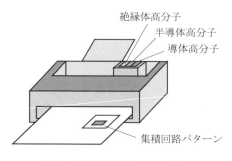

図7.4　印刷可能有機トランジスタ

7.2 超並列型システムLSI

未来型システムの一例として，増殖可能な超並列型のシステムを紹介しよう．まず，ここに至る背景として，プロセッサの性能向上の変遷と消費電力の増加について述べる．

2000年代の高性能プロセッサの代表としては，インテル社のPentiumシリーズや，IBM社のPowerPCシリーズがあげられる．その中には，クロック周波数が数GHzの速度で動作するものが出てきた．しかしながら，いずれも消費電力による発熱量が空冷の限界を迎え，次世代のプロセッサ開発に陰りを生じた．なぜなら，空冷に比べて水冷の装置はかなり高価で，技術的には実現可能であったとしても，製品価格の面

で現実的ではないからである．

　また，数100 MHz で動かすことに比べ，数 GHz で動かす場合は，同期のためのクロック関連の回路の構造や，高速演算処理を行うデータパス部の構造が大きく変わり，性能の向上にも増して消費電力の増大をまねく．現在，実用化されている数百 MHz 級のプロセッサの消費電力が，数百 mW レベルであるのに対して，1 GHz 以上のプロセッサは数 10 ～ 100 W を超えるものまで出ている．10 倍の高速性を引き出すために，実に 100 ～ 1000 倍の電力を消費する構造となっている．

　そこで，プロセッサを複数個並列に動作させ，それぞれをゆっくり動かすことにより，低消費電力化と高性能化の両方を実現しようという試みが検討されている．次世代ゲーム機などを含む高機能システムに用いられることが，実際に有望視されている．

7.3　バイオ，医療，健康

　LSI の配線幅はすでに細菌よりも小さくなり，ウイルスや DNA のサイズに匹敵するレベルに達している．この微細化技術を生物学や医療に応用した例が**バイオチップ**である．バイオチップは，生体の DNA 検査を行ったり，細菌などの微生物の検査を行う目的で使用される．このデバイスを用いると，たとえば，**図 7.5** に示すバイオチップの例では，ウイルスを種類別に帯電させ，メッシュ状に区切られた電極上に電圧を印加することによってそれらを移動させたり，分離させたりすることが可能になる．非常に微細なものをうまく扱うことができるため，生物学の研究や，医療検査などへの応用が期待されている．

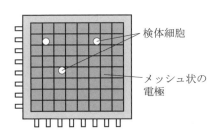

図 7.5　バイオチップの例

　また，医学と工学の連携が進むことによって，夢のような検査や治療器具が実現される．**医療用カプセル型内視鏡ロボットや治療ロボットの実現**が，その一例である（**図 7.6**）．体内で検査・治療を行うロボットには，いくつかの構成要素が必要である．それは，目となる映像処理機能，耳や口となる外部との通信機能，治療行為や検体の収集を行うマイクロハンドなどである．また，エネルギーの供給手段としては，外部

から磁界を与えて電力に変換する構造や，人体に安全な電池を搭載する構造などが考えられる．

このような超小型システムでは，サイズ的な制約が非常に厳しいなかで，電池，LSI，電源回路を搭載しなければいけないので，電池の有効活用技術や，極低電力の電源回路および LSI の研究が重要視されてきている．

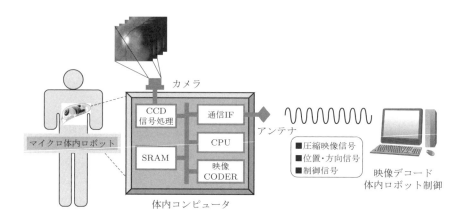

図 7.6　治療用マイクロ体内ロボットの例

スーパーヒューマンの実現に向けて

小型化された LSI のイメージセンサと神経細胞の結合の研究がなされており，視力をなくした人が，ふたたび視力を回復するといった夢のような話も実現可能となるであろう．人間の機能を拡張させたり，あるいは喪失した機能を回復させるといったことも，LSI の微細化技術により実現の可能性が高まっている．

また，話し言葉を自動認識し，別の言語に置き換え，発音するといったことは，大変な計算量を要するため，いままでは困難視されてきたが，LSI 技術のおかげで，携帯可能な形で実現される時代もそう遠くないだろう．

これらは SF の世界の話のように思われるかもしれないが，サイボーグやスーパーヒューマンのような，人間のさまざまな機能をもつ"人造人間"のようなものの出現がすぐそこまできているのである．

7.4　セキュリティ

人権やプライバシー保護などの法律的，倫理的な問題があるために，人間の行動をすべて監視することは簡単には実用化できないが，技術的には可能な時代を迎える．

人間の所在や行動だけでなく，洋服や帽子，ペット，食品，スポーツ用品など，ありとあらゆるものにLSIが埋め込まれ，それらが通信し合うことが可能になる．

身のまわりのものにLSIが埋め込まれると，どのようなメリットがあるかを考えてみよう．たとえば，食品の場合，食品のラベルには，その生産地や生産日，業者コード，賞味期限などが埋め込まれており，そのラベルの偽造は簡単にはできない．たとえば，外国産のマツタケを，国産の高級マツタケとして流通させるようなことがあれば，その業者はすぐに摘発される．食品の安全性，流通の問題がかなり改善されることになる．

また，ペットの首輪にLSIが埋め込まれ，迷子になった場合に，すぐに所在が連絡され，飼い主のもとに返される．ゴルフボールにはLSIが埋め込まれ，ラフの茂みに飛び込んだボールの位置を端末機が簡単に指し示す．しかも，その日の打球の癖がすべてインプットされ，ミスショットが何回あったかをレポートしてくれる．テニスのボールに埋め込まれたLSIが，サーブが入ったかフォールトかの審判の微妙な判定を助けることも可能になるかもしれない．

バイオメトリクス

図7.7のような目の虹彩のパターンや指紋など，人間の個別の情報を使ったセキュリティ技術の研究が進んでいる．また，心電図や脳波など，生体が発する電気信号を解析し，それをもとにして快適な環境を作ったり，健康管理に役立てる技術がある．

これらを**バイオメトリクス(生体計測)**技術というが，人間の快適な生活を支援するのに，大きな機械をつねに携帯しなければいけないのであれば，あまり意味がない．これらバイオメトリクス機器を身のまわりに，その存在すら感じさせないようにすることが，これからのLSI技術によって可能となる．

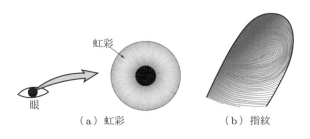

図7.7 人間の生体情報

7.5 車載システム

現代社会において自動車は人間の生活に欠かせないものとなっているが，つねに交

通事故の危険性をともなっている．交通事故は近年減少傾向にあるが，依然深刻な状態にあり，より安全，より安心な交通社会の創生は人類の永年のテーマである．エアバッグの搭載や，アンチロックブレーキシステムの導入により，危険時に最悪事態を回避する技術はかなり進んできた．その一方で，これまであまり進んでいなかった，事故そのものの件数を減らす研究が，いよいよさかんに行われるようになってきた．以下に，こういった研究についていくつか紹介しよう．

安全走行のための技術

安全走行のための技術の例として，動的画像に対する白線認識技術の研究がある（**図 7.8**）[1]．この技術により，居眠りやわき見運転，あるいは悪天候時の視界不良が引き起こす，白線からの走行車輛の離脱を回避することができる．

さらに，白線だけでなく，道路上の人物や，前方車や対向車との距離やスピード差のリアルタイム認識と，異常時の動的制御の研究が進められている．また，タイヤそのものに，路面のグリップ力を監視するセンサを埋め込み，スリップによる事故などを未然に防ぐようなことも可能となる．さらに，自動駐車や自動運転の技術が可能となる．

（a）カメラ画像

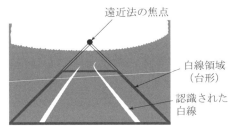
（b）白線の認識と限定

図 7.8　白線認識処理の例

電子化による車重低減

安全面以外にも，LSI が自動車を変えることができる．最近の自動車は，かなり電装が進んできたため，それらの力や情報を伝えるためのワイヤや配線が車重を増す原因となっている．無線を使用することにより，ワイヤハーネスを削減し，車重を減らし，燃費向上に役立てる研究がなされている．これらに対しても，低電力 LSI の活用が期待されている．

---

1) 自動車前方の自然画像から，直線成分を解析し，遠近法の焦点と白線が存在するであろう領域を抜き出し，路面の白線を精度よく認識する方法などがある．

7.6 ホームネットワーク

　未来の家庭生活をみてみよう．"より便利に"を追求して，つぎのようなことが可能になる．

　無線 LAN[1]で結合されたテレビは，アンテナ線を引っ張る必要がなく，どこにでも持っていけるようになる．現在，実用化されているものは，高精細画像ではまだまだ課題が残されており，従来の有線のテレビと同じように楽しむことはできないが，今後，映像処理技術と無線技術が合わさって，ポータブルな高精細無線テレビができるだろう．

　この要素となっている技術のひとつに，OFDM（直交周波数分割多重方式，Orthogonal Frequency Division Multiplexing）とよばれるものがある．この技術は，直接波と反射波の干渉によるノイズを除去し，家中のどこにいてもきれいな映像が見られる高速通信技術である．高精細画像をリアルタイムに圧縮，複号化する高速画像処理技術なども含め，これらの技術は，高性能 LSI の処理能力によって実現可能になるのである．

ホームサーバと家庭用ロボット

　家庭用の情報処理は，**ホームサーバ**とよばれるコンピュータによって集中管理される時代が来る．ホームサーバは，家庭内のエアコンや，その他の家電製品にネットワークで接続し，それぞれを最適にコントロールする（**図 7.9**）．携帯電話からホームサーバにつながり，ホームサーバから電灯線（一般家庭用電源配線のこと）を通して家庭のエアコンや，風呂，炊飯器，DVD レコーダー，家庭用ロボットなどの家電製品をコントロールすることが可能になる．家に帰る前に風呂のスイッチを入れたり，**家庭用ロボット**に家のなかの気になるところを見て回らせて，携帯電話に情報を送ってもらうことができる．これもやはり LSI の高性能な情報処理能力によって可能になるのである．

　家庭用ロボットは，留守中に掃除や不審者の見回りをしたり，子どもの家庭教師をしたり，独居老人の話し相手になったり，多くの可能性を秘めた新しい家族となることが期待されている．

---

1) 無線 LAN とは，世界最大の電子系学会 IEEE（アイトリプルイーと読む）が決めた，大容量のデータを無線で送受信する規格である．現在は，パソコンのインターネットを無線 LAN で送受信できるしくみができあがっている．

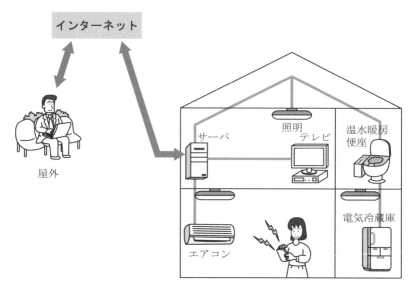

図 7.9　ホームネットワークのイメージ

7.7　ウエアラブル

　LSI の発展は，電子機器のダウンサイジングをさらに推し進めることは述べたとおりである．現在の，携帯電話などのパーソナル機器全盛期のつぎには，**図 7.10** のような自分の体に電子機器を装着できる**ウエアラブル**（wearable）時代が来る．

　あるいは，無数の電子機器に囲まれる**インビジブルコンピューティング社会**が到来する（**図 7.11**）．インビジブルコンピューティング社会では，目に見えないくらいに小さなコンピュータが多くの箇所にふんだんに埋め込まれており，その存在を意識しなくてもよいのである．

　現在，ひとりあたり一〜数台程度のコンピュータをもつ社会になったが，情報社会

図 7.10　コンピュータを着ている様子

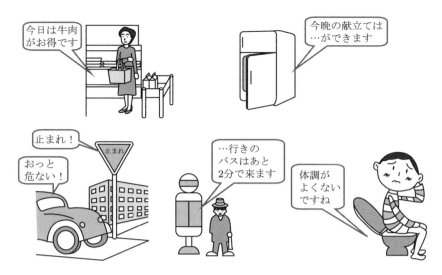

図7.11 インビジブルコンピューティング社会のイメージ
（産業技術総合研究所のホームページより）

の進展により，ひとりあたり数十〜数百台のコンピュータを使う時代が来る．いままで，携帯電話を中心とした機器のダウンサイジングが技術を牽引してきた．しかし，これからはインターネットや，シリコンオーディオプレーヤーなどのネットワーク上のノード機器がそれぞれ存在を意識しなくてもよい形で有機的に結合して，情報処理を行うようになるといわれ，無限の可能性を秘めている．

7.8 最後に

最後に，今日届いた2035年の友人からの手紙を紹介し，本書のしめくくりとしよう．
「われわれの高度文明社会では機械が威張っているわけではなく，なにごともあたり前に行われている．しかも，そのあたり前を支えるための技術革新が続いている．その構成要素は，機械とLSIとソフトウェアとネットワークであることに変わりはないが，それらの存在を意識することなく，高度な情報処理があたり前に行われているのである．

　昔々のLSIは王様であった．エアコンディショニングのきいた至れり尽くせりの環境に身を置き，たいした仕事をするわけでもないが，電気をたくさん食って威張っていた．そのうち，LSIはエリートになった．パソコンなどの文明の利器の中心に据えられ，社会の進歩発展の牽引車になっていた．つぎに，LSIはペットになった．人々の近くにいつも存在し，可愛さを振りまくだけでなく，喜びや幸せと安らぎを与えるものとなった．さらに，LSIは空気と化した．時とし

てその存在すら忘れられることもあるが，バイオと医療と自動車と通信とその他の機械たちとセキュリティとネットワークとが語り合って社会を基盤として支えるものとなった．こうしてわれわれが意識することなく，高度技術に支えられている文明社会が形成された．」　　　　　　　　　　　（2035年からの手紙）

第7章のまとめ

1. デバイス(トランジスタ)の構造や材料においては，今後もさらなる技術革新が予想されている．その例が，ゲート能力を向上するためのデュアルゲートや，ゲートリーク電流を抑えるためのHigh-K材料，および，配線容量を減らし信号伝播を高速化するためのLow-K材料などである．
2. 有機材料を使ったトランジスタも可能であり，研究室やオフィスで印刷可能な集積回路が実現できる可能性がある．
3. 超並列システムは，性能を上げるためだけでなく，システムの低電力化のためにも重要視されている．
4. 微細加工技術は，医療や生物化学にも応用が期待されている．たとえば，体内で活躍する治療用ロボットや，微生物の検査用機器などである．
5. 集積回路は小さくなることで，どこにでも埋め込むことが可能であり，流通や安全管理などへの応用が期待されている．
6. 自動車の安全運転や，車重低減のためにも集積回路技術の応用が期待されている．また，家電製品をネットワーク化したり，家庭用ロボットなどへの応用も期待されている．
7. コンピュータは小型化がどんどん進み，現在のパーソナル機器を主流とする形から，将来は，コンピュータを服の一部のように装着できたり，身のまわりのどこにでもコンピュータが存在する社会(ユビキタス社会，あるいは，インビジブルコンピューティング社会)が来ると予想されている．

演習問題7

7.1 消費電力限界を迎えたプロセッサは，今後どのような方向に向かうだろうか，推測しなさい．

7.2 LSIの微細化が進むことによって，医学の分野に工学が応用されていく可能性があるが，ほかにも可能となる科学技術領域を考察しなさい．

7.3 あらゆるところにコンピュータが存在し，身のまわりにロボットが存在する世の中になった場合に，技術倫理として気をつけなければいけないことを考察しなさい．

演習問題解答

■ 第 1 章

▶**1.1** （解答例）TV 付携帯電話：動画の画像圧縮復号化の技術が高速でかつ，低電力で処理できている．性能が 10 分の 1 であった場合には，回路の並列化などにより，いまのものと同じ性能を実現したとすると，電池の消耗が 10 倍以上早くなる．大きな電池の搭載が必要になるため，重量と容積が数倍になる．しかも，発熱量が増大するので，熱くて持てなくなるなどの弊害を生じる．

他には次のようなものが考えられる．

ゲーム機：かなりリアリティの高い画像を用いたゲームが主流となっているが，性能が 10 分の 1 だと，単純な画像しか扱えず，リアリティが低下する．

DVD プレーヤ：部品点数が約 10 倍となるので，価格が 5 〜 10 倍程度になるだろう．

デジタルカメラ：画素数が 10 分の 1 で，低解像度となる．

▶**1.2** （解答例）6 m = 6 000 000 000 nm なので，3 cm 角の LSI は，1 辺が，6 000 000 000/90 倍（= 67 000 000 倍），すなわち，2 000 km 角 = 400 万 km^2，中国大陸の面積が 960 万 km^2 なので，その約半分の面積に相当する．一般に，LSI は多層配線が用いられるので，10 層配線であるとすれば，配線の総面積は，上記の 10 倍になり，ほぼユーラシア大陸（5 500 万 km^2）に相当する面積になる．最先端の LSI の配線の混雑度合いは，その広い領域に 6 m 道路を 6 m 間隔で設置したものに近いイメージになる．

▶**1.3** （解答例）次のようなことが考えられる

・現在より，より複雑で高性能なシステムが LSI 上に搭載される．並列化による低電力化も進むだろう．

・記憶回路の大規模化が進むことにより，いままでとは違いメモリをふんだんに使ったアーキテクチャにより高度で高速な画像処理システムが提案されていくだろう．

▶**1.4** （解答例）防災，機器の異常監視，自然界の監視など．

▶**1.5** （解答例）ポータブル DVD レコーダーの電池が 2 倍長持ちする．製品価格は，電池の価格の 10 倍（2000 円程度）程度上乗せしても十分製品競争力を保持できる．販売数，製造コストに関する解答は省略．

第 2 章

▶**2.1** Si(シリコン),Ge(ゲルマニウム),Se(セレン),Te(テルル)
　これらは,単一の元素からなる半導体で,「元素半導体」といわれる.GaAs(ガリウムヒ素)やInP(インジウムリン)など,2種類以上の元素の化合物でできた半導体もある.

▶**2.2** リン(P)

▶**2.3** ホウ素(B)

▶**2.4** 半導体を作るために,不純物元素としてシリコンに加えたリンがシリコンと共有結合をする際,リンの原子1個あたりひとつの電子が結合からとり残され,自由電子となる.これが電界によって移動し,電流となる.また,不純物としてホウ素を加えると,シリコンと共有結合する際,電子が1個不足した状態で結合する.この結果,電子の抜け殻ともいうべき「正孔」ができる.正孔も電界に沿って移動し,電流となる.このような,電流に担い手となるものを「キャリア」とよんでいる.

▶**2.5** npnトランジスタ:多数キャリアは電子,小数キャリアは正孔
pnpトランジスタ:多数キャリアは正孔,小数キャリアは電子

▶**2.6** 結晶を構成している原子において,電子の軌道は,あるエネルギーの幅をもった帯(エネルギー帯)に存在する.エネルギー帯は,電子の密度が非常に高い価電子帯と,電子の存在が許されない禁制帯,そして,エネルギーが高く電子が自由に動ける伝導帯に分かれる.どのエネルギーをもった電子がどのくらい存在するかは,フェルミ・ディラックの分布関数とよばれる式で与えられる.この式は全体を1として電子の存在確率を表すもので,この分布において,存在確率が2分の1になるようなエネルギーレベルを「フェルミレベル」または「フェルミ準位」という.

▶**2.7** エミッタ,ベース,コレクタ

▶**2.8** (a)

▶**2.9** AND(論理積),OR(論理和),NOT(否定)

▶**2.10** ECL回路はトランジスタを飽和状態にまで駆動せずに能動領域内の動作点で論理値を表現させるようにしたものであり,飽和による遅れの影響を受けず動作が高速である.反面,電流値が大きくゲートあたりの消費電力が大きい.また,ひとつのゲートでつねに正負のデュアル出力を得ることができる,出力側に出力インピーダンスの低いエミッタフォロワ回路をもっているため負荷駆動能力が大きく,高速信号伝送用の分布定数線路(同軸ケーブルなど)を直接駆動することができるなどの利点がある.一方で,論理振幅が小さく,信号の立ち上がり,立ち下がり時間が小さいため,信号の伝送にともなう反射ノイズやクロストークノイズを考慮した実装設計が必要である.

第 3 章

▶**3.1** ① 電子(エレクトロン),② 正孔(ホール),③ 非導通(オフ),④ 導通(オン),⑤ 導

通(オン)，⑥ 非導通(オフ)

▶3.2 ① エンハンスメント型，② ディプリーション型，③ しきい値電圧，④ 遮断(または非導通，カットオフ)，⑤ 線形，⑥ 飽和，⑦ ドレイン飽和電圧，⑧ 0(ゼロ)，⑨ $V_{gs} < V_t$，⑩ $\beta\{(V_{gs} - V_t) \cdot V_{ds} - V_{ds}^2/2\}$，⑪ $V_{gs} \geq V_t$，⑫ $V_{ds} < V_{gs} - V_t$，⑬ $(\beta/2)(V_{gs} - V_t)^2$，⑭ $V_{gs} \geq V_t$，⑮ $V_{ds} \geq V_{gs} - V_t$

▶3.3 CMOS インバータでは入力電圧が高→低，あるいは低→高へ変化したとき，出力は，反対に低→高，あるいは高→低へと変化する．この過渡状態を除けば，pMOS か nMOS のどちらか一方は必ず「オフ」となり，電源からグランドへ直接，定常的に電流が流れることはない．これが，CMOS が低消費電力であることの基本的な理由である．

▶3.4 式(3.5)，式(3.6)に $V_{DD} = 5[\text{V}]$，$V_{tn} = +1[\text{V}]$，$V_{tp} = -1[\text{V}]$，$\beta_n = \beta_p$ を代入すれば求まる．

V_{in}	V_{out}	V_{in}	V_{out}
1.0	5.00	2.5	1.50
1.1	5.00	2.6	0.83
1.2	4.99	2.7	0.60
1.3	4.98	2.8	0.46
1.4	4.97	2.9	0.35
1.5	4.95	3.0	0.27
1.6	4.92	3.1	0.20
1.7	4.89	3.2	0.15
1.8	4.85	3.3	0.11
1.9	4.80	3.4	0.08
2.0	4.73	3.5	0.05
2.1	4.65	3.6	0.03
2.2	4.54	3.7	0.02
2.3	4.40	3.8	0.01
2.4	4.17	3.9	0.00
2.5	3.50	4.0	0.00

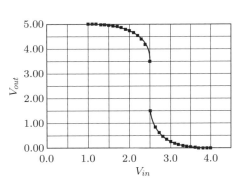

解図 1

▶3.5 MOS トランジスタの電流-電圧特性を決定する要素のひとつに利得計数 β がある．これは，本文の式(3.4)で，$\beta = \dfrac{\mu \varepsilon_{ox}}{t_{ox}} \cdot \dfrac{W}{L}$ で表されている．pMOS，nMOS それぞれの β を β_p，β_n と書くと，次のようになる．

$$\beta_p = \frac{\mu_p \varepsilon_{ox}}{t_{ox}} \cdot \frac{W_p}{L_p} \quad , \quad \beta_n = \frac{\mu_n \varepsilon_{ox}}{t_{ox}} \cdot \frac{W_n}{L_n}$$

ここで，μ_p，μ_n は正孔，電子の表面移動度，ε_{ox} はゲート酸化膜の誘電率，t_{ox} はゲート酸化膜の厚さである．ε_{ox} と t_{ox} は pMOS，nMOS 共通とする．L はチャネルの長さ，W はチャネルの幅で，pMOS と nMOS のそれぞれを添え字の p と n で区別する．

CMOS インバータの出力の立ち上がり時間と立ち下がり時間は pMOS と nMOS の β に強く依存し，$\beta_p = \beta_n$ とすることで，その時間を等しくすることができる．すなわち，

$$\frac{\mu_p \varepsilon_{ox}}{t_{ox}} \cdot \frac{W_p}{L_p} = \frac{\mu_n \varepsilon_{ox}}{t_{ox}} \cdot \frac{W_n}{L_n} \quad \text{より} \quad \frac{\mu_p W_p}{L_p} = \frac{\mu_n W_n}{L_n}$$

さて，pMOS と nMOS ではキャリアの移動度に違いがある．ここで，たとえば $\mu_n = 3\mu_p$ と

おくと，利得係数を等しくするためには，$\dfrac{W_p}{L_p} = \dfrac{3W_n}{L_n}$ の関係を満たすことが条件となる．いいかえれば，pMOS と nMOS のチャネル長 L を同じにし，pMOS のチャネル幅を nMOS の 3 倍にすれば利得係数をそろえた CMOS を実現できることになる．

▶**3.6** 解図 2 に示す．

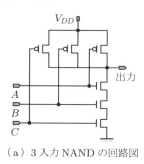
（a）3 入力 NAND の回路図

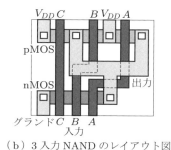
（b）3 入力 NAND のレイアウト図

解図 2

▶**3.7** 解図 3 に示す．

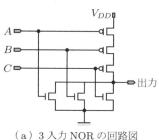
（a）3 入力 NOR の回路図

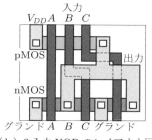
（b）3 入力 NOR のレイアウト図

解図 3

▶**3.8** A と B の論理値 "0"，"1" の 4 通りの組み合わせそれぞれについて pMOS nMOS のオン／オフを求め，出力端子 P が V_{DD} に接続するパスになるか，グランドと接続するパスになるかを調べればよい．**解図 4** に示す．

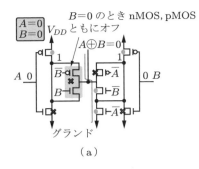
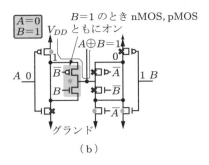
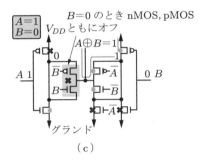
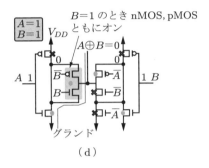

解図 4

▶3.9 解図 5 に示す.

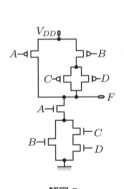

解図 5

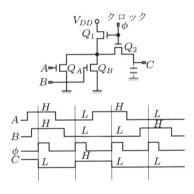

解図 6

▶3.10 クロック ϕ が 1(高レベル)のとき,トランジスタ Q_1 と Q_2 はともにオンする.このとき,A,B の両方,あるいはどちらか一方に論理値 "1"(高レベル)の電圧がかかると,そのトランジスタはオンになり,端子 C はグランドと接続した状態になる.すなわち,放電パスに接続される.この結果,C の電位は低レベル(論理値で "0")になる.一方,A,B ともに論理値 "0"(低レベル)の電圧が入力されると二つのトランジスタ Q_A,Q_B はオフとなり,端子 C はグランドと切り離され,オンしている Q_1 を通して V_{DD} に接続される.すなわち,充電パスに接続され出力論理値は "1" となる.これを,信号波形の変化で表すと解図

6のようになり，クロック信号に同期して入力論理値の NOR が C に現れることがわかる．

■ 第4章

▶**4.1**　ウェハ表面の酸化，フォトエッチング（レジスト塗布，露光，現像，エッチング），不純物注入，CVD による導電膜・絶縁膜の形成，スパッタリングによる配線膜の形成

▶**4.2**　ダイシング，ボンディング，パッケージング

▶**4.3**　二酸化シリコンは層間絶縁膜として用いられる．とくに，ゲート酸化膜として用いる場合は誘電材料としての役目をもつ．

▶**4.4**　レティクル（フォトマスク）には設計した回路パターンが描かれている．レティクルは写真のネガフィルムに相当する．通常，ひとつの LSI を作るのに 20 ～ 30 枚程度のレティクルが作成される．ウェハの表面にレジストという感光剤を塗布しておき，レティクルを通して光（紫外線）を照射すると，レジストは感光した部分と感光しない部分に分かれる．これに現像処理を施すことによって，レティクルに描かれた回路パターンがウェハに転写される．

▶**4.5**　p 型 n 型半導体を作るにはシリコン酸化膜の一部分に穴をあけ，そこに不純物を注入する．穴をあけるには，本文図 4.7 に示したフォトエッチング処理を行う．不純物注入の方法には「熱拡散法」と「イオン打ち込み法」がある．熱拡散法は不純物の高温蒸気のなかにウェハを置き，あいた穴を通して不純物を拡散させる．イオン打ち込み法は，不純物原子をイオン化し，高圧電界中で加速して不純物をウェハに注入する．

▶**4.6**　CVD 法（chemical vapor deposition：化学的気相成長法）が多く用いられる．気相の化学反応を利用して絶縁膜や導電膜を形成する方法で，装置内を大気圧の状態に保って化学反応させる常圧 CVD 法，減圧してガスの拡散性を高めた減圧 CVD 法，低温で膜の形成を促進させるプラズマ CVD 法がある．

▶**4.7**　スパッタリング装置を用いる．スパッタリングとは，真空放電によって発生するアルゴンのイオンを金属ターゲットに衝突させると，ターゲットから金属原子がはじき出される．これをウェハの表面に堆積させて金属薄膜を作る技術である．

▶**4.8**　デュアルインラインパッケージ（DIP：パッケージの両側面にピンが出ている），ピングリッドアレイ（PGA：ピンがパッケージの裏面に格子状に並んでいる），フラットパッケージ（QFP：ピンがパッケージの四つの側面にあり外側に折れ曲がっている，QFJ：フラットパッケージの一種で，ピンがパッケージの四つの側面にあり J 型に内側に折れ曲がっている），ボールグリッドアレイ（BGA：PGA に似ているが，ピンではなくハンダボールがパッケージの裏面に格子状に並んでいる）などがある．

■ 第5章

▶**5.1**　c h f g d a e b　が標準的な流れであるが，下記の順序も間違いではない．
　c h f g a e d b，c h f g b d a e，c h f g b a e d

▶**5.2**　フリップフロップからつぎのフリップフロップまで信号が伝わる経路のなかでもっとも時間のかかる経路での信号伝達時間が，クロック信号の時間間隔より小さいかどうかを

チェックする．もし，これがクロック時間間隔よりも大きいと，次段のフリップフロップは正しく信号を取り込むことができず，タイミング上の誤動作の原因となる．

▶5.3 配線の長さが全体的に短くなり，チップ面積の削減に効果がある．また，配線が短くなることで信号伝達時間が短縮され，動作速度の向上につながる．

▶5.4 フロアプラン，配置，配線，マスクデータ作成の順で作業が行われる．個々の作業内容は本文の記述を参照せよ．

▶5.5 たとえば，下記の文献に詳細に記されている．
「VLSIデザインオートメーション入門」（寺井秀一著，コロナ社）p109 – p111

▶5.6 たとえば，下記の文献に詳細に記されている．
「VLSIデザインオートメーション入門」（寺井秀一著，コロナ社）p120 – p138

▶5.7 回路の各部に仮定した故障を検出するのに，与えられたテストパターン（テストデータ）が有効かどうかを調べる．あるテストパターンを入力したとき，回路が正常な場合の出力値と，故障を仮定した場合の出力値が異なっていれば，そのテストパターンは，その故障を検出するのに有効であると判定できる．

▶5.8
0縮退故障の顕現条件：
(a)　(1, 1)
(b)　(0, 1)，(1, 0)，(1, 1)
(c)　(0, 0)，(0, 1)，(1, 0)
(d)　(0, 0)
(e)　(0, 1)，(1, 0)

1縮退故障の顕現条件：
(a)　(0, 0)，(0, 1)，(1, 0)
(b)　(0, 0)
(c)　(1, 1)
(d)　(0, 1)，(1, 0)，(1, 1)
(e)　(0, 0)，(1, 1)

▶5.9 テストパターン：$X_1 = 0$，$X_2 = 0$，$X_3 = 1$，$X_4 = 1$，$X_5 = 0$
正常時の出力：$Y_1 = 0$，$Y_2 = 0$
故障時の出力：$Y_1 = 1$，$Y_2 = 0$

■ 第6章

▶6.1
```
module fulladder_dataflow(A, B, CIN, SUM, COUT);
input A, B, CIN;
output SUM, COUT;
assign SUM =(((~A & B)|(A & ~B)) & ~CIN | (((~A & ~B)|(A & B)) & CIN);
assign COUT =(A & B & ~CIN)|(~A & B & CIN)|(A & ~B & CIN)|(A & B & CIN);
endmodule
```

▶6.2
```
module hosuu(in, out);
input    [7:0]   in;
output   [7:0]   out;
wire     c0, c1, c2, c3, c4, c5, c6, dummy;
wire     [7:0]   in_x ;
assign   in_x [7:0] = ~in [7:0];
halfadder HA0 (1'b1, in_x[0], out[0], c0);
```

```
halfadder HA1 (c0,    in_x[1], out[1], c1);
halfadder HA2 (c1,    in_x[2], out[2], c2);
halfadder HA3 (c2,    in_x[3], out[3], c3);
halfadder HA4 (c3,    in_x[4], out[4], c4);
halfadder HA5 (c4,    in_x[5], out[5], c5);
halfadder HA6 (c5,    in_x[6], out[6], c6);
halfadder HA7 (c6,    in_x[7], out[7], dummy);
endmodule
```

▶ 6.3
```
module DEC4(indata, outdata);
input   [1:0]    indata;
output  [3:0]    outdata;
function         [3:0]    dec;
        input    [1:0]    in;
        begin
                case( in )
                2'b00 : dec = 4'b0001;
                2'b01 : dec = 4'b0010;
                2'b10 : dec = 4'b0100;
                2'b11 : dec = 4'b1000;
                default : dec = 4'bxxxx;
                endcase
        end
endfunction
assign outdata = dec ( indata );
endmodule
```
(注) if文を用いてもよい．そのとき，case(in) 〜 endcase は下記のようになる．
```
        if (in==2'b00) dec=4'b0001;
        else if (in==2'b01) dec=4'b0010;
        else if (in==2'b10) dec=4'b0100;
        else if (in==2'b11) dec=4'b1000 ;
        else dec=4'bxxxx;
```

▶ 6.4
```
module  mult10  (clk, nRST, in_data, m_go, out_data, m_finish);
input   clk, nRST;
input   [3:0]    in_data;
input            m_go;
output  [7:0]    out_data;
output           m_finish;
reg              m_finish;
//
reg     [7:0]    m_result;
reg     [7:0]    bufreg1,  bufreg2;
reg     [1:0]    m_count;              //loop counter
//
assign out_data = m_result;
always @(posedge clk or negedge nRST)
        begin
                if (nRST == 1'b0)
                begin
                        m_result <= 8'h00;
                        bufreg1 <= 8'h00;
```

```
                        bufreg2 <= 8'h00;
                        m_count <= 2'b11;
                        m_finish <= 1'b0;
                end

                else
                        if (m_go == 0)
                        begin
                        m_count <= 2'b11;
                        bufreg1 <= in_data;
                        bufreg2 <= in_data;
                        m_finish <= 1'b0;
                        end

                else
                        if (m_count == 2'b11)
                        begin
                        bufreg1 <= bufreg1 <<1;
                        m_count <= m_count -1 ;
                        end

                else
                        if (m_count == 2'b10)
                        begin
                        bufreg1 <= bufreg1  <<1;
                        m_count <= m_count -1 ;
                        end

                else
                        if (m_count == 2'b01)
                        begin
                        bufreg1 <= bufreg1 <<1;
                        bufreg2 <= bufreg2 <<1;
                        m_count <= m_count -1 ;
                        end

                else
                        if (m_count == 2'b00)
                        begin
                        m_finish <= 1'b1;
                        m_result <= bufreg1 + bufreg2;
                        end
    end
endmodule
```

■ 第7章

▶**7.1** （解答例）並列化により全体の性能は上がるが，個々のプロセッサは，動作速度を遅くして，消費電力を下げることが考えられる．

▶**7.2** （解答例）生物学：生物の観測．機械工学：機器の常時診断．化学工学：化学プラントの最適制御，異常監視．環境工学：環境の監視．など

▶**7.3** （解答例）個人情報の尊重，行動の自由の尊重，など．

参考文献

（1）垂井康夫，IC の話，日本放送出版協会(1982)
（2）柳沢健 監修，入門エレクトロニクス講座・基礎編，日刊工業新聞社(1992)
（3）國枝博昭，集積回路設計入門，コロナ社(1996)
（4）IC ガイドブック，JEITA 電子情報技術産業協会(2003)
（5）富沢孝，松山泰男 監訳，CMOSVLSI 設計の原理，丸善(1992)
（6）M. Michael Vai，VLSI Design，CRC Press(2000)
（7）寺井秀一，VLSI デザインオートメーション入門，コロナ社(2000)
（8）小林優，改訂・入門 Verilog HDL 記述，CQ 出版社(2014)
（9）VDEC 監修，ディジタル集積回路の設計と試作，培風館(2000)
（10）STARC 監修，RTL 設計スタイルガイド Verilog-HDL 編，培風館(2011)．

索　引

記　号
$finish　126
$monitor　126
$time　126

番　号
0 縮退故障　112
1 縮退故障　112
2 進化 10 進符号　120
10 進数の加算　136

欧　字
always 文　121, 126, 141
ASIC　89, 153
assign 文　121, 131
BCD 加算器　120, 136
BCD 符号　136
BGA　84
BIST 法　115
case 文　150
CMOS　10, 40, 52
CVD　78
DIP　84
DRAM　70
DTL　34
D アルゴリズム　115
ECL　37
FPGA　90
function　121
if 文　129
inital 文　126
IoT　2, 163
Low-K 材料　163
LSI 設計者　93
LSI ファブリケーション　76
negedge　140, 141
net 信号　121
nMOS　40
n チャネル　45
PGA　84
pMOS　40

pn 接合　21
posegde　141
p チャネル　45
QFJ　84
QFN　84
QFP　84
reg 信号　121
SoC　92
SpecC　94
SystemC　94
System Verilog　94
TTL　35
UML　93
Verilog HDL　96
VHDL　96
wire 信号　121

和　文

▶あ　行
アートワーク　109
アクセプタ　18
後工程　77
アナログ信号　30
イオン打ち込み　78
イオン打ち込み法　82
遺伝的アルゴリズム　107
イベント式　141
医療用カプセル型内視鏡ロボット　165
インスタンス　134
インスタンス名　126, 134
インビジブルコンピューティング社会　170
ウエアラブル　170
ウエットエッチング　80
ウェハ　76
ウェハ工程　77
エッチング　78, 79
エミッタ　26, 38
エミッタ結合論理　37
エミッタ接地電流増幅率　31
エンハンスメント型　47
オームの法則　15

183

▶ か 行

階層レイアウト設計　102
回路図エディタ　95
拡散　22, 78
拡散電位　22
拡散電流　23
仮想配線長　104
価電子　16
価電子帯　19
企画　87
機能テスト　110
共有結合　17
キルビー特許　8
禁制帯　19
空乏層　22
組み合わせ回路　119
組み込みシステム　5
組み立て工程　77
クリーンルーム　76
クロック信号　139
クロック同期　139
クロック非同期　139
継続的代入文　122, 131
ゲート　41
ゲートアレイ方式　91
ゲート酸化膜　41
ゲート絶縁膜　162
桁上げ伝搬加算器　134
結晶　17
検査工程　77
故障顕現条件　113
故障シミュレーション　112
故障伝搬条件　114
コレクタ　26, 38

▶ さ 行

酸化　78
しきい値電圧　46
システム LSI　2
システム関数　126
システム設計者　93
システムタスク　126
シフトレジスタ　145
シミュレーティッドアニーリング法　106
自由電子　17
充電パス　65
順序回路　120
条件演算子付きの代入文　129

少数キャリア　24
消費電力　12
情報家電　1
初期配置　105
シリコンインゴット　76
真空蒸着　82
スタティック回路　66
スタティック電力消費　57
スタティックメモリ（SRAM）　70
スタンダードセル方式　91
スパッタエッチング法　80
スパッタリング　78, 82
正孔　18
製造　87
生体計測　167
絶縁体　15
設計　87
接続信号名　123
セレクタ回路　127
全加算器　120
線形領域　50
センシティビティリスト　141
線分探索法　108
双対の関係　67
増幅度　29
相補型回路　65
ソース　41

▶ た 行

ダイオード・トランジスタ論理　34
ダイナミック電力消費　58
ダイナミックメモリ　70
ダイナミック論理回路　68
対話型フロアプランシステム　103
チャネル　41
チャネル割り当て法　108
治療ロボット　165
抵抗率　15
ディプリーション型　47
データの流れ（データフロー）　128
デザインオートメーションシステム　88
テスト　87
テストパターン　110
テストパターン生成　112
テストベンチ　124
テストベンチ記述　124
手続き型（procedual）ブロック　126
電位障壁　22

電界効果トランジスタ　40
伝導帯　20
導体　15
ドーピング　81
ドナー　18
ド・モルガンの定理　66
ドライエッチング　80
トランジスタ　7
トランジスタ・トランジスタ論理　35
トランスファゲート　64
ドリフト電流　23
ドレイン　41

▶ な 行
熱拡散法　81
ノンブロッキング代入　142

▶ は 行
ハードウェア記述言語　96
ハードウェア・ソフトウェア協調シミュレーション　94
ハーフアダー　130
バイオチップ　165
バイオメトリクス　167
配置・配線　102
パス　100
パスディレイ　100
発熱　12
半加算器　120
反転層　45
反復配置改善　105
否定(NOT)　32
非同期リセット信号　143
ファンクション　130
フィジカルデザイン　102
ブール代数　31
フェルミ準位　20
フェルミレベル　20
フォトリソグラフィ　78
フォトレジスト　80
プラズマアッシャ　80
プラズマエッチング法　80
フリップフロップ　70
フルアダー　132
プレーナー型トランジスタ　8
フロアプラン　102
プログラマブルロジックデバイス　90, 119

プロセステクノロジー　75
プロセッサ　4
ブロッキング代入　142
ブロック　102
ペア交換法　106
ベース　26, 38
ベース接地電流増幅率　28
ペレタイズ工程　83
放電パス　65
飽和領域　50
ポート　121
ポート宣言　121
ポートリスト　120
ポリシリコン　41
ボンディング　83

▶ ま 行
マイクロマシン　163
前工程　77
マスク　43
ミニカット配置　105
ムーアの法則　8
無線LAN　169
迷路法　108
モジュール　120

▶ ら 行
ラッチ　70
リソグラフィ　79
リップルキャリー加算器　120
ルックアップテーブル　156
レイアウト図　44
レイアウト設計　43, 101
レジスタ型の信号　142
レジスタ宣言　121
レティクル　80
論理合成　97
論理合成プログラム　97
論理シミュレーション　99
論理積(AND)　32
論理プリミティブ　127
論理和(OR)　32

▶ わ 行
ワイヤー型の信号　142
ワイヤー宣言　121

著者略歴

寺井 秀一（てらい・ひでかず）
- 1944 年　兵庫県に生まれる
- 1967 年　京都大学工学部電気工学科卒業
- 1969 年　京都大学大学院修士課程修了（電気工学）
- 1969 年　（株）日立製作所（中央研究所，汎用コンピュータ事業部）
- 1977 年　工学博士（京都大学）
- 1994 年　立命館大学理工学部電気電子工学科教授
- 2004 年　立命館大学理工学部電子情報デザイン学科教授
- 2010 年　立命館大学理工学部特任教授
- 2015 年　立命館大学理工学部特任教授退任
- 　　　　 現在，同・理工学部非常勤講師　講義・実験・演習を担当

福井 正博（ふくい・まさひろ）
- 1958 年　大阪府に生まれる
- 1981 年　大阪大学工学部電子工学科卒業
- 1983 年　大阪大学大学院修士課程修了（電子工学）
- 1983 年　松下電器産業（株）（中央研究所，半導体研究センター，半導体社）
- 　　　　 （1989 年から 2 年間，カリフォルニア大学バークレー校客員研究員）
- 1999 年　工学博士（大阪大学）
- 2003 年　立命館大学理工学部電気電子工学科教授
- 2004 年　立命館大学理工学部電子情報デザイン学科教授
- 2012 年　立命館大学理工学部電子情報工学科教授
- 　　　　 現在に至る

編集担当　塚田真弓（森北出版）
編集責任　富井　晃（森北出版）
組　　版　双文社印刷
印　　刷　同
製　　本　協栄製本

LSI 入門
―動作原理から論理回路設計まで―　 © 寺井秀一・福井正博　*2016*
2016 年 2 月 26 日 第 1 版第 1 刷発行　【本書の無断転載を禁ず】

著　者　　寺井秀一・福井正博
発行者　　森北博巳
発行所　　森北出版株式会社

　　　　　東京都千代田区富士見 1-4-11（〒102-0071）
　　　　　電話 03-3265-8341／FAX 03-3264-8709
　　　　　http://www.morikita.co.jp/
　　　　　日本書籍出版協会・自然科学書協会　会員
　　　　　JCOPY ＜（社）出版者著作権管理機構　委託出版物＞

落丁・乱丁本はお取替えいたします．

Printed in Japan／ISBN978-4-627-78021-7